橡胶割胶技术问答

黄慧德　张万桢　主编

中国农业出版社

主　　编　黄慧德　张万桢

编著人员　（以姓氏笔画为序）

占金刚　卢　琨　汪志军

张万桢　张惜珠　陈诗高

罗世巧　金　琰　胡小婵

侯媛媛　徐磊磊　黄浩伦

黄慧德　魏　艳

目　录

1

5

一、割胶基础知识

1. 割胶指什么?

答:割胶是指采用特制的工具(胶刀)从橡胶树树干割口处切割树皮使胶乳从割口处流出以获取胶乳的操作。割胶就是一种人为地、有计划地割破乳管来收集胶乳的作业。

2. 割胶树位指什么?

答:割胶树位是指胶工每次割胶和管理时应完成的胶园区域,此区域有相对固定的割胶面积或橡胶树株数。生产上一般每个树位为 300 株橡胶树。

3. 橡胶树的经济寿命有多长?

答:橡胶树的经济寿命一般为 30 年左右,有的可达 40 年。当橡胶树生长缓慢,树皮再生能力差,产量明显下降时,橡胶树进入降产衰老期,可进行更新。橡胶树的经济寿命与胶园管理技术水平、割胶技术水平等密切相关,管理技术和割胶技术水平高的林段,橡胶树的经济寿命长。有的橡胶树定植后抚管水平低、橡胶树长势弱,割胶技术差,树皮消耗大或伤树严重,其经济寿命降为不到 20 年。

4. 橡胶树产胶能力有多大?

答:产胶能力是指橡胶树生产橡胶的能力。据国外的研究报道，按橡胶中龄树每年每株可产的干物质能达到 60 千克且估算分配率为 25% 计，在开割第 2 年，每亩*产干胶不会少于 157 千克，第 4 年可达 314 千克，第 9 年可达 471 千克；如按橡胶树干物质生产率最高且分配率最大推算，开割第 9 年可达 10 650 千克左右。据法国的帕迪拉克估计，用类似的种植材料建立新一代橡胶园，其单株产量可达到 25 千克。在亚马孙河流域森林中，有的橡胶树单株年产干胶达 100 千克以上。据研究，橡胶树理论年产量每亩可达 600 千克以上。

5. 橡胶树产量有多高?

答：据中国热带农业科学院测定，我国目前大面积推广的无性系 RRIM600 第 2～4 割年的开割树，在 3 年间单株平均干物质产量为 44.97 千克，分配率为 28.5%。随着树龄增加，并通过加强抚育管理，使橡胶树年单株产干物质量提高到 80 千克以上，分配率提高到 30% 以上是有可能的。因此，如果按每亩有 25 株有效割株计算，则每亩年干物质产量达到 2 000 千克以上。在云南国营农场中，曾有已开割 25 年以上的橡胶树 PR107，单株年产干胶达 100 千克。

6. 影响橡胶树产量的相关因素有哪些?

答：与橡胶树经济产量相关的因素有割胶年数、年亩产量、年株产量、割胶株数、年割次数、株次产量、胶乳产量、单位割线长度产量、割胶生产技术管理等。

影响割胶年数的因素有：自然环境条件，品种，割胶制度，割面设计，割胶技术，割胶生产技术管理，抚管措施，风、寒、病等。

影响年亩产量的因素有：割胶株数、年株产量等。

影响年株产量的因素有：年割次数、株次产量等。

影响割胶株数的因素有：种植密度、自然灾害、抚育管理等。

---

* 亩为非法定计量单位，1 亩＝1/15 公顷。下同。——编者注

影响年割次数的因素有：气候条件、割胶制度等。

影响株次产量的因素有：光合产量、干物质产量、分配率、胶乳产量、干胶含量等。

影响胶乳产量的因素有：割线长度、单位割线长度的产量等。

影响单位割线长度产量的因素有：环境、品系、抚管措施、割胶措施、刺激剂使用情况、割胶技术、磨刀技术等。

影响割胶生产技术管理的因素有：割胶制度、开割时间、停割时间、产胶动态分析、刺激剂的合理使用、胶工培训及技术考核、割胶辅导制度、割胶树位档案等。

7. 橡胶树产量怎样计算？

答：（1）**橡胶树单株年产量计算方法** 橡胶树单株年产量指1株树1年的干胶产量。其计算公式如下：

单株年干胶产量 ＝ 平均株次产量×平均干胶含量×年割胶次数

或： $$单株年干胶产量 = \frac{年干胶总产量}{割胶总株数}$$

（2）**橡胶树平均株次产量计算方法** 橡胶树平均株次产量指每株树每割次的平均产量。可用月平均株次产量和年平均株次产量来表示。它们的计算公式分别如下：

$$年平均株次产量 = \frac{年总产量}{割胶株数×年割胶次数}$$

$$月平均株次产量 = \frac{月总产量}{割胶株数×月割胶次数}$$

（3）**橡胶树亩产量计算方法** 橡胶树亩产量是指1亩橡胶树1年的干胶产量。其计算公式如下：

$$亩产量 = \frac{年干胶总产量}{植胶亩数}$$

或：亩产量 ＝ 每亩割胶株数×年平均株次产量×年割胶次数

8. RRIM600 产量有多高？

答：RRIM600 是马来西亚橡胶研究院于 1938 年从 Tjirl ×

PB86 的杂交苗中选出的次生代无性系。

在马来西亚橡胶研究院初级系比区，RRIM600 原始芽接树第 3 割年平均株产干胶 10.5 千克；高级系比区，前 5 割年每亩平均年产干胶 117 千克，第 5 割年每亩平均年产干胶 188.9 千克；商业植区，前 5 割年每亩平均年产干胶 103 千克，前 10 割年每亩平均年产干胶 133 千克，第 1～15 割年每亩平均年产干胶 147 千克。在我国海南省东、北部地区，RRIM600 第 2～9 割年每亩平均年产干胶 75 千克，其中在海南省东部的南林、东和等农场，第 2～4 割年平均每亩年产干胶超过 100 千克；在海南省西部地区，RRIM600 前 5 割年每亩平均产干胶 64 千克，第 6～10 割年每亩平均年产干胶 92 千克。在海南省五指山地区，前 10 割年每亩平均年产干胶 85 千克，第 1～12 割年每亩平均年产干胶 91 千克。在云南西双版纳傣族自治州，前 5 割年每亩平均年产干胶 64 千克，前 10 割年每亩平均年产干胶 101 千克，第 1～14 割年每亩平均年产干胶 106 千克。

9. PR107 产量有多高？

答：PR107 是印度尼西亚于 1923 年由国营农业企业公司从巴达（Bada）胶园 L. C. B510 母树建立的初生代无性系中选出。

PR107 在印度尼西亚佐马斯胶园的 8 株原始芽接树（6～7 龄）单株年产干胶 3.1 千克；在柬埔寨单株年产干胶超 5 千克；在越南橡胶研究所莱开试验区第 9 割年每亩平均年产干胶 133 千克；在马来西亚橡胶研究院试验站第 1～10 割年每亩平均年产干胶 103 千克，在商业植区第 1～10 割年每亩平均年产干胶 88 千克，第 1～14 割年每亩平均年产干胶 101 千克。在我国海南省北部地区，第 1～10 割年每亩平均年产干胶 60 千克，在五指山地区，第 1～10 割年每亩平均年产干胶 65 千克，第 1～14 割年每亩平均年产干胶 73 千克；在中国热带农业科学院试验农场，第 1～10 割年每亩平均年产干胶 98 千克。

10. GT1 产量有多高？

答：GT1 是 1922 年由印度尼西亚从东爪哇贡丹塔彭胶园的普

通实生树群中选出繁育而成的初生代无性系。

GT1 原始芽接树，8 龄半时每株年产干胶 5.2 千克，10 龄半时每株年产干胶 8.1 千克；高级系比区 15～16 龄时，每亩年产干胶 129 千克。GTI 在马来西亚前 5 割年每亩平均年产干胶 87 千克，前 10 年每亩平均年产干胶 115 千克，第 1～15 割年每亩平均年产干胶 115 千克；柬埔寨每亩平均年产干胶达 133 千克。在我国广东湛江地区，第 1～10 割年每亩平均年产干胶 65 千克，在海南省五指山地区，第 1～13 割年每亩平均年产干胶 92 千克，在云南省西双版纳傣族自治州第 1～13 割年每亩平均年产干胶 96 千克，在德宏傣族景颇族自治州第 3～13 割年每亩平均年产干胶 67 千克。

11. 热研 7-33-97 产量有多高?

答：热研 7-33-97 是中国热带农业科学院橡胶研究所于 1966 年从 RRIM600×PR107 杂交苗中选出繁育而成的三生代无性系。

热研 7-33-97 在基本试验区第 1～9 割年每株平均年产干胶 4.35 千克，每亩平均年产干胶 127 千克；在海南省东部东红农场生产比较试验区，第 1～7 割年每株平均年产干胶 3.75 千克，每亩平均年产干胶 100 千克。

12. 云研 77-2 产量有多高?

答：云研 77-2 是云南省热带作物科学研究所从 GT1×PR107 杂交苗中选育的。

云研 77-2 第 1～6 割年平均干含 33.4%，平均年株产干胶 3.46 千克，每亩平均年产干胶 98 千克。勐满农场九分场 1978 年抗寒系比区，第 1～7 割年平均干含 32.6%，每株平均年产干胶 3.93 千克，每亩平均年产干胶 104 千克。勐醒农场一分场八队阴坡试验区，第 1～4 割年平均干含 32.8%，每株平均年产干胶 2.57 千克，每亩平均年产干胶 63 千克。勐醒农场一分场阴坡抗寒系比区 1984 年种植的 6 亩橡胶，第 1～9 割年平均干含 32.9%，每株平均年产干胶 5.8 千克，每亩平均年产干胶 146 千克。勐醒农场第

5

6 割年采用 S/2 d/3＋ET 2‰刺激割胶，每亩平均年产干胶 125 千克，比刺激前净增产 12.2%。

13. 云研 77-4 产量有多高?

答：云研 77-4 是云南省热带作物科学研究所从 GT1×PR107 杂交苗中选育的。

云研 77-4 在云南省热带作物科学研究所 1984 年适应性系比区，第 1～6 割年平均干含 33.6%，每株平均年产干胶 2.65 千克，每亩平均年产干胶 75 千克；勐满九分场 1978 年抗寒系比区，第 1～7 割年平均干含 32.2%，每株平均年产干胶 3.90 千克，每亩平均年产干胶 84 千克。勐满农场九分场抗寒系比区 1978 年种植的 1.8 亩橡胶，第 1～13 割年平均干含 33.56%，每株平均年产干胶 5.31 千克，每亩平均年产干胶 142 千克。勐醒农场一分场八队阴坡试验区，第 1～4 割年平均干含 33.4%，每株平均年产干胶 2.45 千克，每亩平均年产干胶 62 千克。勐醒农场第 6 割年采用 S/2 d/3＋ET 2‰刺激割胶，每亩平均年产干胶 137 千克，比刺激前净增产 11.7%。勐醒一分场阴坡抗寒系比区 1984 年种植的 5.7 亩橡胶，19 割年平均干含 32.57% 每株平均年产干胶 6.14 千克，每亩平均年产干胶 158 千克。勐捧农场八分场 1989 年生产种植的 11.25 亩橡胶（海拔 900 米），1996 年开割 232 株，每株平均年产干胶 1.7 千克，每亩平均年产干胶 35 千克。

14. 云研 277-5 产量有多高?

答：云研 277-5 是云南省热带作物研究所从 PB5/63×Tjirl 杂交苗中选出繁育的三生代无性系。

云研 277-5 中须系比区前 5 割年每亩平均年产干胶 93 千克，第 8 割年每亩产干胶 181 千克。1974 年生产试验比较区，前 5 割年每亩平均年产干胶 82 千克。1977 年生产种植前 2 割年每亩平均年产干胶 45 千克。河口试验站初级系比区，前 5 割年每株平均年产干胶 5.22 千克。

15. 93-114 产量有多高?

答：93-114 是中国热带农业科学院南亚热带作物研究所于 1965 年人工授粉，1967 年从杂交苗中选出繁育的次生代无性系。

93-114 在广东省湛江地区前 5 割年每亩平均年产干胶 46 千克，第 6 割年平均每亩产干胶 64 千克。其中重寒区前 5 割年平均每亩年产干胶 46 千克，第 6～7 割年平均每亩年产干胶 78 千克；在中寒中风区，前 5 割年平均每亩年产干胶 51 千克。

16. 热研 7-20-59 产量有多高?

答：热研 7-20-59 是由中国热带农业科学院橡胶研究所选育的橡胶优良新品种，为 RRIM600 和 PR107 的杂交后代。

热研 7-20-59 初级系比区前 11 割年每株平均年产干胶 6.04 千克。在中国热带农业科学院试验场高级系比区（基本试验区）第 1～9 割年每株平均年产干胶 3.95 千克，每亩平均年产干胶 98 千克；第 9 割年平均株产干胶 5.79 千克，每亩产干胶 137 千克。

17. 橡胶树树皮结构怎样?

答：树皮是橡胶树的主要经济器官，一株橡胶树的经济寿命在某种意义上取决于对树皮的合理利用，没有树皮，橡胶树就失去了其特有的经济价值。

橡胶树的树皮，一般是指木材以外的所有组织，包括植物学上的周皮、韧皮部和形成层。在生产上，为了掌握割胶深度，根据橡胶树树皮各部分的特点，把橡胶树的树皮从外到里分为粗皮、砂皮、黄皮、水囊皮、形成层五层（图 1）。

18. 粗皮在什么位置?

答：粗皮位于树皮的最外层，由木栓层、木栓形成层及栓内层构成。粗皮主要由木栓层组成，它由许多排列紧密的木栓化细胞组成，具有不透水、不透气的特性，有保护树皮内部组织、防止水分

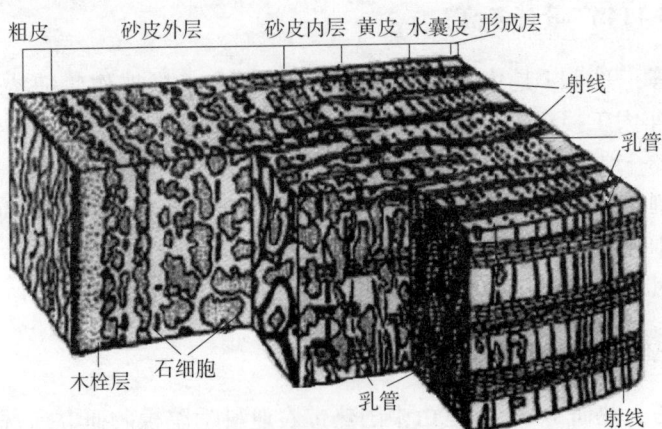

图 1　橡胶树树皮结构

蒸发和保护树干不受病菌等入侵的作用，并能不断脱落更替。木栓形成层向外分生形成木栓层，向内分生形成栓内层。原生皮的栓内层较薄，含有叶绿体，因此带绿色。割胶把木栓形成层割去，以后由剩下的树皮形成新的木栓形成层。再生皮的栓内层较厚，含有花青苷，呈紫红色。

19. 砂皮在什么位置?

答：砂皮在粗皮内侧，外观黄褐色，摸之有砂粒感。砂皮是树皮诸层次中最厚的一层，占树皮总厚度的70%左右，它的特点是石细胞多。石细胞是细胞壁很厚而且木质化的死细胞，并聚集成堆。砂皮还可分为外层和内层，外层石细胞多且大，其中乳管被挤压得支离破碎，绝大部分属无效乳管。内层石细胞较少，乳管较外层多，而且多数是有效乳管。砂皮中的乳管列数约占乳管总数的1/3。

20. 黄皮在什么位置?

答：黄皮在砂皮的内侧，外观淡黄色，占树皮总厚度的20%

8

左右。但其乳管列数却占树皮中乳管总列数的 50％ 左右，是乳管分布最密集、排列最整齐和联系最好的层次，而且黄皮的乳管又处于产胶机能最旺盛的阶段，因此是树皮中的主要产胶部分。黄皮中有几乎完全丧失功能的筛管，很少或没有石细胞，也有人把黄皮和砂皮内层统称为软皮，高产树的软皮较厚，软、硬皮的厚度之比也较大。

21. 水囊皮在什么位置？

答：水囊皮位于黄皮内侧，由形成层刚分化出来的细胞构成，外观淡黄白色，细嫩。水囊皮的细胞壁薄、腔大。含有丰富的水分和营养物质，是有功能的筛管集中的层次，刺破水囊皮，可看到有水流出。水囊皮的厚度约占总皮厚的 10％，通常小于 1 毫米。水囊皮中还有细嫩的乳管，列数约占乳管总列数的 20％，但产胶功能不强。水囊皮既是有机养料的补给线，又是产胶组织的后备军。

22. 形成层在什么位置？

答：形成层位于水囊皮和木质部之间，是一层排列整齐紧密、具有强烈分生能力的细胞，向内分生的细胞分化为木质部，向外分生的细胞分化为韧皮部。乳管的分化、树围的增粗、树皮的增厚和再生、芽接时芽片的愈合，都是形成层分生活动的结果。

割胶生产中要割完砂皮、割开大部分黄皮才能割断大部分乳管，才能达到产胶的目的，但如果割到水囊皮或形成层就会伤树。

23. 乳管是怎样产生的？

答：乳管是由形成层细胞分化产生的。乳管分化时相邻细胞连接处的细胞壁消失，形成多细胞的管状结构，同时，细胞内发生一系列的变化，细胞壁逐渐溶化消失形成乳管。已分化的乳管中有各种结构复杂的细胞器，适应于产胶和排胶的功能。割胶时胶乳是从乳管排出来的。

24. 乳管的方向怎样?

答：乳管在橡胶树树皮中与树干的中轴成 $2°\sim7°$ 的夹角，从左下方向右上方螺旋上升。因此，割线方向从左上方斜向右下方，能够割到更多的乳管，以获得较高的产量。

25. 为什么割胶不能割破水囊皮?

答：水囊皮是有疏导功能的韧皮部，其中的乳管处于幼龄阶段，因此，割胶时应尽量减少对水囊皮的伤害。割胶时割去黄皮的大部分，即割至离形成层 $1.2\sim1.8$ 毫米而不割破水囊皮。这样既能割断大部分乳管从而获得高产，又能保证水囊皮中大量的水分、养分不会流失，同时还保护了水囊皮中大量有效输送营养物质的筛管。

26. 胶乳是怎样形成的?

答：橡胶树通过叶片的光合作用形成了糖，糖的代谢产物如醋酸、丙酮酸等既是形成橡胶的前体物质，又是植株生长时用来形成新组织的主要原料。叶片进行光合作用制造的有机养料通过水囊皮中的筛管运送到乳管，根系从土壤中吸收的水分、养分通过木质部中的导管也运送到乳管。在酶的作用下，经过一系列的生理生化过程形成胶乳。

橡胶树植株的生长和胶乳的形成有着密切的关系，叶片光合作用的代谢产物，除一部分作为能源供应外，其余部分不是用来生长，就是用来产胶。因此，橡胶树叶片生长状况与产胶关系密切。

27. 胶乳含哪些橡胶组分?

答：橡胶树割胶流出的胶乳呈乳白色，胶乳的主要成分是水（$43\%\sim75\%$）、橡胶烃（$20\%\sim50\%$）、树脂（$1\%\sim2\%$）、蛋白质（$1\%\sim2\%$）、糖（0.35%）、磷脂（0.3%）、白坚木皮醇（$0.5\%\sim2\%$）、灰分（$0.3\%\sim0.7\%$）等。胶乳中橡胶烃的含量即为干胶含

量。在生产中，采用合理的种植密度，做好水土保持，进行营养诊断指导施肥，就有利于及时合理地满足橡胶树生长和产胶对水分与养分的需要，有利于增加胶乳的产量。

28. 橡胶烃如何形成？

答：天然橡胶是一种以聚异戊二烯为主要成分的天然高分子化合物，其成分中 91%～94% 是橡胶烃（聚异戊二烯），橡胶烃主要是在乳管中形成的。光合作用形成的糖，通过一系列转化形成异戊烯焦磷酸酯后，异戊烯焦磷酸酯便在乳管的原生质和胶乳的内质网中聚合成为顺异戊二烯分子。这种直链型的异戊二烯分子，由于异戊烯焦磷酸酯的逐一增加，逐渐由小变大，成为低聚橡胶（或初生橡胶）。以后，由于低聚橡胶分子的进一步加长，或者几个低聚橡胶分子的缩合，而成为更大的分子，分子质量从几千增大到几十万或一百万以上，成为高聚橡胶（或次生橡胶）。

29. 割胶对胶乳再生有何影响？

答：割胶可以促进乳管分化，促进胶乳再生，延长排胶时间，排胶停止后，由于封闭了的乳管中充满着稀释的胶乳，其渗透值很低，因此，邻近细胞中的养分便向乳管渗透，从而逐渐合成新的胶乳。新的胶乳逐渐增多，浓度逐渐上升，渗透值逐渐增大，吸水力和膨压也逐渐上升，等到膨压遭到壁压的对抗以后，吸水力已逐渐降低下来。这样，乳管与邻近薄壁细胞之间又建立起新的动态平衡。

一般的胶树，在割胶后 7 小时左右膨压基本恢复。在这个时候，胶乳的化学成分也在迅速恢复。如养分供应充足，经 24 小时或者更长时间，胶乳成分才能完全恢复正常。

30. 割胶时胶乳为什么会排出？

答：胶乳排出主要是由于乳管有很大的膨压所致，当胶塞被割掉时，胶乳就在膨压的作用下向外涌流，这是胶乳初期排出的一种动力。随着胶乳流出，膨压下降，此时乳管壁收缩向内产生一种挤压力推动胶乳向外流动，这是排胶初期阶段使胶乳向外流出的另一种动力。

胶乳从乳管中涌流出来，目前比较普遍的解释认为是由乳管细胞的膨压引起的。橡胶树的乳管是活细胞，胶乳是特殊化了的原生质；胶乳中的一些粒子如黄色体等能吸水膨胀；胶乳的乳清中也含有大量的渗透活性物质。所以乳管里的物质浓度通常比一般细胞的细胞液浓度高，水势较小。据测定，乳管由于从邻近细胞吸收水分后产生的膨压可达 10~14 标准大气压[*]。

乳管壁具有一定程度的伸缩性。随着胶乳的排出和膨压的下降，乳管壁就会收缩，向内挤压。这种乳管壁弹性收缩的力也是割胶后最初阶段使胶乳涌流的一个因素。但到了乳管壁收缩到最大限度时，这种力量就消失了。由于离割口不同部位的膨压变化不同，乳管收缩的挤压力也不同，离割口越远的乳管，膨压下降越小，乳管壁的收缩也越小，挤压力也越小；反之，离割口越近，乳管壁收缩的挤压力则越大。

胶乳是具有一定黏滞性的物质，在乳管中流动时，会与管壁发生摩擦，因而产生一种阻力，阻碍胶乳本身的流动。在离割口较远的乳管中，膨压下降极少，乳管壁收缩极微。当推动胶乳向割口流动的微小力量被胶乳本身的黏滞性和流动时的摩擦阻力所抵消时，胶乳就不再向前流动。在这种情况下，胶乳也就不可能从乳管中流出。

在排胶过程中，乳管膨压的降低，打破了割胶前的乳管与邻近薄壁细胞之间的水分平衡关系，因而乳管细胞向邻近薄壁细胞吸收水分。由于水分逐渐增加，胶乳也就逐渐稀释，浓度逐渐降低，这种现象称为"稀释效应"。据测定，在排胶期间由稀释效应所吸收的水分可达排出胶乳体积的 20% 左右。这样，四周细胞的水分渗入乳管，使乳管能在一定的时间内维持一定水平的膨压，有利于胶

---

[*] 标准大气压为非法定计量单位，1 标准大气压＝1.013 25×10⁵ 帕。

乳的排出。

稀释效应继续进行，乳管吸水逐渐减少，排出的胶乳浓度也逐渐趋于稳定。待乳管的水势升至与邻近薄壁细胞的水势相等时，水分关系又进入了新的平衡状态，稀释效应随之停止。

由此可见，在乳管膨压最大的时候割胶，排胶速度就较快，因而可以增产。通常在天亮前后割胶产量较高，主要原因在于这时候的乳管膨压最大。当然这时温度较低，蒸腾作用较小，也对排胶产生有利影响。

31. 什么是排胶?

答：橡胶树生产的胶乳主要来自茎皮，胶乳在乳管中形成之后，就贮藏在乳管中，不会自动排出。如果乳管受到伤害或被割断，胶乳就会从伤口流溢出来，这个现象便称为排胶。

在割胶之前，胶乳的浓度基本上稳定，乳管和周围细胞之间处于动态平衡状态，乳管处于紧张状态。割胶时，乳管被切断，堵塞乳管口的胶塞被割掉，从而使乳管口方向的壁压消失，于是处于紧张状态的胶乳便从被割开的乳管口涌流出来。靠近割口的乳管，由于胶乳的排出，膨压迅速下降。离割口越近，胶乳排出越多，膨压下降越大（据测定，割胶后排胶 10 分钟时，割口下方附近的膨压下降至 2 标准大气压左右）；离割口越远的部位，胶乳排出越少，膨压下降越小。在乳管中形成的这种膨压差——膨压梯度，使胶乳从膨压高的部分向膨压低的割口方向移动，直至流出管口，汇集在割线上，成为一条乳流，然后流入胶杯。

32. 排胶过程是怎样的?

答：乳管被割断后，胶乳便向割线处涌流，在起初 10～30 分钟内，排胶速度较快，干胶含量也高，一般达 30%～40%。随着排胶时间的延长，由于乳管内堵塞物增多，排胶速度就逐渐减慢，干胶含量也降低到 30% 以下。之后，胶乳的流速越来越慢。最后，留在割线上的胶乳，因凝固酶、细菌活动以及蒸发失水等原因，使胶乳凝固成一条胶线，并在乳管割口形成胶塞，将乳管口堵封，使排胶完全停止。这个从开始排胶到停止排胶的全过程便称为排胶过程，这一段时间称为排胶时间。一般橡胶树正常的排胶时间约2小时，但低温季节比高温、干旱季节，静风天气比风大天气，长割线比短割线的排胶时间普遍延长，品系不同，排胶的时间也不同。涂乙烯利后割胶，排胶时间有延长至24小时的现象。排胶过程和胶乳产量及干胶含量变化见表1。

表1　排胶过程和胶乳产量及干胶含量变化

项　　目	割胶时间过程				
	0～15分钟	15～30分钟	30～60分钟	60～90分钟	90分钟以后
排胶量占当天总产量（%）	41～52	20～24	16～26	6～8	极少
干胶含量（%）	34～32	31～29	27～26	25～23	

33. 排胶影响面有哪些区域？

答：割胶后，割口上下左右实际受到排胶影响的范围称为排胶影响面。包括以下3个区域（图2）。

（1）排胶区　位于割线下方40厘米至割线上方15厘米左右的范围内。割胶后，此区域的膨压下降很大（40%以上），水分和胶乳向割口方向位移很快，并最先自割开的乳管口排出。

（2）转移区　位于排胶区的外围，约在割线下方120厘米至割线上方100厘米左右的范围内。割胶后，此区域的膨压下降较小（10%～40%）。水分和胶乳向割口方向位移的速度较慢。

（3）回复平衡区　在转移区的外围。此区域的水分和胶乳位移很慢。膨压下降很小（10%以下）。割胶后10～12分钟内很难测定出来。

回复平衡区在安排双线割胶时，两条割线宜相距80厘米以上，以减少排胶影响面的重叠。割线逐渐降低时，根皮中的乳管也参与排胶，因此做好露根培土、保护根系，对于橡胶树营养吸收、排胶增产都有好处。

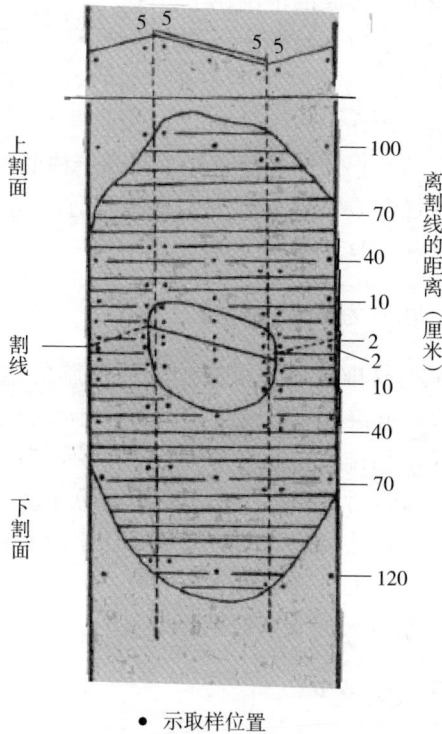

● 示取样位置

图2 树干上下割面潜在位移面（排胶影响面）示意

实生树低割线产量比高割线的高，低割线的树皮要特别珍惜，要合理薄割，每刀割1.1毫米左右。

34. 排胶影响面的范围有多大?

答：排胶影响面的范围因品系、植株状况、生境条件以及割胶制度和方法等的不同而有很大变异。根据胡特威斯林、帅则等的测定，一株橡胶树的排胶影响面大致有以下规律：

第一，排胶影响面主要在割线的下方，其垂直长度一般在150厘米左右。

第二，割面两侧排胶的范围各等于垂直长度的1/9左右。

第三，割线上方排胶的范围比下方小。

开割多年的实生树，胶乳主要来自割线下方，而新开割的芽接树，胶乳来自上下方的范围几乎相等。如 PR107 采用全树围割胶时，其排胶影响面约在割线上下各 42～62 厘米处。

排胶影响面的大小与产量呈正相关。高产树的排胶影响面比低产树的大，用乙烯利或其他刺激剂刺激割胶时，既扩大了排胶区，又扩大了转移区和回复平衡区。

35. 排胶一段时间后为什么会停排?

答：通过割胶及排胶，乳管周围薄壁细胞的水分渗透进入乳管，使胶乳稀释，并继续不断地排出。黄色体破裂指数、排胶堵塞指数低及高的膨压和排胶初速大都有利于排胶，当上述几种拉动力下降到等于胶乳流动时的摩擦力加上由于黄色体破裂而形成的内堵塞力时，胶乳就会停止向前流动。最后留在割线上的胶乳由于凝固酶、细菌活动、蒸发失水等原因逐渐凝固，形成一条胶线，在乳管口里形成约 0.8 毫米长的胶塞把乳管口封闭。

36. 适宜排胶的温度多少?

答：(1) **排胶最适温度**　橡胶树林中温度为 19～24℃，相对湿度大于 80% 最为适宜排胶；林内气温在 18℃ 以下，排胶时间延长；气温在 27℃ 以上，胶乳早凝，排胶时间缩短，产胶量减少。

(2) **产胶最适温度**　温度为 18～28℃ 时胶乳均可合成，其中以 22～25℃ 最适宜产胶。当日均温低于 18℃ 时橡胶树的生长显著减慢，低于 15℃ 时组织分化基本停止。

37. 影响排胶的因素有哪些?

答：(1) **气候因素**　排胶过程受气候条件影响很大。温度、湿度、雨量、风速等因子对排胶速度、时间和排胶量都有直接的影响。

①温度：割胶当时气温若在 18℃ 以下，排胶时间就会延长。

如低温持续时间达 2 小时以上，会普遍出现长流胶。若割胶当时气温达 27℃以上，因胶乳中凝固酶活动增强和水分蒸发加快，胶乳会较早凝固，排胶时间缩短，产胶量减少。割胶当时气温若为19～24℃时，对排胶最为有利，产量最高。

②湿度：日平均相对湿度在 80％以上时，胶乳畅流；如降至 60％以下，则排胶受到抑制，产量下降。割胶当时相对湿度在 80％以上时，对排胶有利；如降至 75％以下，因割线封闭较快，排胶时间缩短。

③雨量：旬雨量在 70 毫米以上，月雨量在 200 毫米以上，雨日分布比较均匀，有利于排胶。干旱季节，在割面上适量泼水，有利于排胶增产。

④风速：割胶前和排胶过程中，气流平静，风速在 1 米/秒以下，有利于排胶。如果风速达到 3 级以上，排胶受到抑制。下半夜起刮大风时，次日减产约 15％。

（2）土壤因素　土壤水分含量充足时，有利于排胶。沙壤土上，若 50 厘米土层深度内的土壤水分旬平均达到 14％以上时，胶乳能畅流；如降至 10％以下，排胶则受到抑制。因此，干旱季节增施水肥可促进排胶。

土壤中的氮、磷、钾、镁及微量元素等各种养分的含量以及它们之间的比例也对排胶有重大影响。如土壤含钾量不足，橡胶树容易发生黄叶病，排胶时间较短，胶乳过早凝固的现象比较普遍。因此，在割胶生产中，要根据橡胶树和土壤养分的变化情况合理施肥，供给橡胶树正常生长、产胶和排胶所需的水分和养分，以利于增产。

（3）植株状况　橡胶树品系相同时，凡长势旺盛、新陈代谢水平高、乳管伸缩性大且联系好的植株，排胶效率就高。反之，若植株生长弱，树皮发育不良，排胶效率就低。

橡胶树在抽叶、开花、结果时期，由于叶、花、果的生长需要较多的水分和养分，加之这些时期的各种生理活性物质特别多，因此，胶乳容易氧化和凝固，使排胶受到抑制。

(4) 胶刀和割胶技术 胶刀光滑锋利，割胶做到"三均匀"，有利于排胶。

(5) 化学刺激 涂乙烯利可延缓乳管内堵塞现象，同时大量动员储备的养料，加速水分的吸收，并集中于乳管系统，因而使排胶时间大大地延长。

在橡胶树上施用乙烯利等化学刺激剂，一方面解除了乳管切口的内堵塞现象，另一方面使靠近割口部位的乳管产生强烈的稀释效应，因而使排胶时间大大延长。但过分长流不论对胶乳的再生或者对橡胶树的健康状况都不利。

38. 排胶反常包括哪些？

答：橡胶园中经常发生一些橡胶树排胶反常的现象，包括：①胶乳过早凝固；②胶乳长流；③胶乳外流。这些现象影响胶乳产量或引起死皮。因此必须重视，采取必要的措施，使其向着正常排胶的方向转化。

39. 产胶与排胶关系怎样？

答：产胶和排胶之间，既对立又统一。产胶是排胶的先决条件，是基础。但是，胶乳不排出，产胶过程也会基本停顿下来。因此，促进排胶，也是诱导产胶的重要条件。可是，过度排胶又会反过来影响产胶。因此，在割胶生产中，必须使橡胶树的产胶能力与排胶量、胶乳再生与割胶强度之间保持动态平衡，这样才能使橡胶树高产、稳产。

40. 割胶对橡胶树产排胶有何影响？

答：割胶对橡胶树产排胶的影响主要是延长排胶时间、促进乳管分化、促进胶乳再生和橡胶生物合成。

一株刚开割的橡胶树或者经冬季休割后重新开割的橡胶树，割胶后排胶在短时间内就停止了，因而只能得到少量的胶乳。进行常规割胶后，排胶持续时间延长，胶乳的产量也明显增加。有资料显示，割胶对割胶后排胶持续的时间，胶乳的再生以及维管形成层分化乳管列的能力，都有极为重要的影响，因而它是决定橡胶产量的根本因素，即割胶树与不割胶树相比合成的橡胶数量大得多。据估计，一株 10 年生的不割胶树年产约 1 千克橡胶，其中一半在叶片中。如果同样的树在割胶情况下能产生 5 千克橡胶，并同时假定不割胶树在相当于割胶树树皮排胶面范围内产生 0.1 千克橡胶，那么割胶树在此树皮范围内产生的橡胶是不割胶树的 50 倍。

41. 割胶为何能增多产胶量？

答：胶乳的产量首先决定于割胶后排胶持续的时间。一株从未割过胶的橡胶树开割或越冬后复割时，均可观察到橡胶树排出的胶乳十分稠黏，排胶时间很短就割线封闭而停止排胶，因而产量甚低，即使在开割或复割时割够深度，割开所有的有效乳管，也不能达到此品系应有的产量水平，只有割若干次后，即若干次机械伤害后，才能获得该品系应有的产量。这种反复的割胶（机械伤害）造成伤害乙烯和伤害诱导乙烯的积累，乙烯大量地形成，有利于解除乳管堵塞，延长排胶时间，从而增多产胶量。

42. 割胶为何能促进乳管分化？

答：巴西橡胶树实生树新的再生皮（切割树皮后重新长出的树皮）中乳管列数和胶乳产量均多于原生皮，死皮树在继续割胶情况下比在休割情况下形成的乳管列数多，这表明割胶可以促进乳管分化。割胶树新产生的乳管列数比休割树明显增多，割胶树乳管增加的原因是割胶使韧皮部细胞中乳管的比例增大，排胶在割胶促进乳管分化中起主要作用，因为在排胶直接影响范围内，乳管列数明显增加。另外，乳管被证明是与机械伤害相联系的一种保护结构，所以，机械伤害促进乳管分化是橡胶树的一种自我保护机制。

43. 割胶是如何促进胶乳再生和橡胶生物合成的？

答：橡胶的乳管具有再生胶乳的能力，这不仅表现在两次割胶之间橡胶烃的再生，还表现在随同胶乳一起排出的蛋白质、酶类及其他物质的重新合成。乳管内橡胶烃等物质的合成是通过一系列相关的酶促反应进行的，这些反应所必需的酶和蛋白质的合成受到乳管内核酸的调控。未开割树胶乳的核酸含量显著低于开割树，即在生理范围内，适度的割胶可促进乳管内核酸和蛋白质的合成，进而提高乳管再生胶乳的能力。另外，割胶诱导受伤树皮组织释放"伤乙烯"，也会启动乳管内一些基因的过量表达，影响胶乳的代谢，促进胶乳排胶，从而增加产量。但是，过度割胶易使产胶排胶生理平衡失调，导致橡胶树死皮病发生，使乳管死亡而无胶。

44. 常用割胶符号含义是什么?

答：S：表示全螺旋割线；S/2：表示 1 条半螺旋割线。

V：表示 V 形割线；2V/2：表示 2 条半树围 V 形割线。

C：表示全树围割线；C/2：表示 1 条半树围割线。

d：表示日；w：表示周；m：表示月；y：表示年。

↑：表示向上割阴刀。

↑↓：表示向上割阴刀和向下割阳刀。

ET：乙烯利。

45. 什么叫割胶制度?

答：割胶制度是指在一定的时间内按一定的割线数目、割线长度、割线类型、割胶频率和化学刺激与否这几个因素相互结合而构成的一种割胶方式。如单割线 1/2 树围半螺旋隔日割，就包含割线数目是一条，割线长度是 1/2 树围，割线的类型是螺旋线割线，割胶频率为隔日割以及不进行化学刺激这几个因素。割线类型是指割线的形状，如螺旋形割线等。

46. 什么叫标准割胶制度?

答：国际上规定 S/2 d/2 割制（1/2 树围螺旋割线隔日割）作为标准割胶制度，其割胶强度为 100%（S 为割线长度，d 为割胶天数）。

47. 什么叫常规割胶制度?

答：常规割胶制度采用割线为 1/2 树围，2 天割 1 刀(S/2 d/2)割制，单阳线，不进行刺激的割制。常规割胶制度耗皮量大，目前多数国营橡胶园的幼龄割胶树与民营橡胶树以常规割胶制度为主。常规割胶制度海南年割胶刀数 120～135 刀，云南、广东105～110刀，每月割胶刀数小于 15 刀。

48. 常规割胶制度有何要求?

答：选择割胶制度总的要求是高产稳产，橡胶树生长正常，死皮率低，耗皮量少，省工。

选择常规割胶制度应注意：一是为了防止排胶影响面重叠，同面两条割线至少应相距 80 厘米；割线条数不宜太多，一般不宜多于 2 条，更新强割可以割 3～4 条。二是使用刺激剂的情况下，排胶影响面已经扩大，因此割线不宜太长。三是考虑到高频率割胶死皮率较高，干胶含量较低，因此，应尽量避免采用高频率的割胶制度。

49. 什么叫新型割胶制度?

答：新割胶制度就是相对于过去采用的 2 天 1 刀常规割胶制度而言，采用乙烯利刺激割胶的 3 天 1 刀割制、4 天 1 刀割制、5 天 1 刀割制等低频割制，包括阳线割制与阴阳刀割制。其主要特点是使用乙烯利刺激和割胶刀数大幅度地减少。

目前农业部推行的新的割胶制度主要是 3 天 1 刀 (d/3) 或者 4 天 1 刀 (d/4)。这两种新的割胶制度最大的优点就是可以节约橡胶树的树皮，而且可以节省劳动力。

50. 什么是合理的割胶制度?

答：合理的割胶制度，应使橡胶树的排胶强度与产胶能力持久地保持相对平衡。而在此基础上施乙烯利，实际上是给橡胶树输入促进排胶的化学信号，促使橡胶树建立产胶潜力所能容忍的新的生理平衡。为此，国内外主要通过低频割胶、缩短割线和轮换割面来减轻和消除开割树割面的胁迫和疲劳。

51. 什么是低频割胶？

答：在我国，低频割胶就是指减少每年割胶刀数，即按不同地区割胶生产期的长短，一般比常规割制减少刀次 30%～45%，每年仅割 60～80 刀，同时控制刺激后的增产幅度，每年干胶产量比对照增产 10%～15%。

低频率、短割线和轮换割面是刺激后减轻割面疲劳的关键性措施。

采用低频刺激割胶制度，一般干胶含量较高，割线干涸率较低。采用 $d/4$ 刺激割制干胶含量仅略低于 $d/2$ 不刺激割制，$d/6$ 刺激割制干胶含量不下降。倘若采用 $d/2$ 刺激割制，在第二割面转为第三割面后，新割面早期割线干涸明显增加，而采用 $d/4$ 或 $d/6$ 刺激割面，在新割面尚未见割线干涸增加。据国外研究者考察，在第三割面，$d/6+ET$ 的最大割线干涸为 10%，$d/4+ET$ 的为 15%，$d/2+ET$ 的为 30%～34%。

52. 节约树皮有什么意义？

答：一株正常生长的橡胶树，其经济寿命的长短，主要取决于割胶的耗皮量。没有树皮，橡胶树就失去其特有的经济价值。橡胶树的产量是从树皮割取的，没有皮就没有胶。若是不注意节约树皮，每刀耗皮量比较大，在 8～10 年内即把原生皮割完，则很快进入割再生皮。再生皮的产量不及原生皮，且皮硬不好割。因此，保护和节约树皮对割胶生产来说显得非常重要。

53. 开割标准如何规定？

答：开割标准是指一个橡胶林段橡胶树达到开割投产时的树围

标准及达标橡胶树所占的比例。

中华人民共和国农业行业标准 NY/T 1088—2006《橡胶树割胶技术规程》中的开割标准为：同林段内，芽接树离地 100 厘米处或优良实生树离地 50 厘米处树围达 50 厘米，重风、重寒害区及树龄已达 12 年相应树围 45 厘米以上的橡胶树占林段总株数 50% 时，正式割胶。

54. 为什么要严格掌握开割标准？

答：**（1）可较好地解决生长与产胶的矛盾**　当橡胶树的树围达到 50 厘米时，橡胶树光合作用的产物大体能够满足生长和产胶对营养的需求，开割后对橡胶树生长影响较小，可以较好地解决生长与产胶的矛盾。据统计，树围 50 厘米的橡胶树制造营养物质的能力要比 40 厘米的高 29%。树围 50 厘米的橡胶树开割后，树围增长量比不开割的对照仅少 5.9%，而 40 厘米割胶的则要少 18% 左右。这表明，树围 50 厘米时开割是最经济最科学的。

（2）开割产量比较高　橡胶树围达到 50 厘米时开割产量比较高，科学试验结果表明，树围 50 厘米开割的橡胶树前 3 年的单株产量为 3.05 千克，树围 40 厘米开割的只有 1.84 千克，树围 30 厘米开割的只有 1.44 千克，与树围 50 厘米开割相比较产量减少了一半还多。

（3）树皮厚度适宜割胶的要求　树围达到 50 厘米时，树皮厚度才适宜割胶的要求。一般割胶树树皮厚度达到 0.7 厘米左右时，树皮的消耗和再生会保持相对的平衡。

（4）割胶劳动效率比较高　树围达到 50 厘米以上的橡胶树占林段总数的 50% 时正式开割，主要是考虑割胶的效率。因为大部分的橡胶树都达到了割胶的标准，这个时候进行割胶时，割胶的劳动效率会比较高。

55. 割线如何表示？

答：割线是指在树干上沿固定的方向和形式切割树皮薄片以获

取胶乳的地方。生产上常用的割线类型为螺旋割线，用字母 S
表示。

56. 割线长度如何表示?

答：割线长度通常用割线投影长度占树围长度的比例来表示。
如 1/2、1/3、1/4 树围，就是割线投影长度占树围长度的 1/2、
1/3、1/4；通常用 S 表示全树围螺旋割线，S/2 表示半树围螺旋
割线。

割线长度不是割线的实际长度；分母前面的数字表示割线的数
目。如：

S＝全螺旋割线。

S/2＝1 条半螺旋割线。

S/4＝1 条 1/4 螺旋割线。

V＝V 字形割线。

C＝全树周割线，割线形式不定。

当向下割阳刀时，不必标出割胶方向的符号。向上割阴刀，则
需在割线符号之后标出向上符号（↑）。当橡胶树有两个割胶方向
时，则在割线符号之后同时标出向上和向下符号（↑↓）。如：

S/2↑＝1 条向上割（阴刀）的半螺旋割线。

2×S/4↑↓＝2 条阴阳刀 1/4 螺旋割线。

目前割线为 1/2 和 1/4 树围。每年割胶前，应浅开上下垂线。
胶舌在割线下方 10 厘米内浅钉，胶杯与胶舌的距离小于 10 厘米。

57. 割面规划包括哪些?

答：割面规划是指科学合理地安排割胶树整个生产周期中的割
胶部位，包括开割高度、割线方向、斜度和长度，以及割面转换等
技术措施。

合理的割面规划就是要最经济地利用树皮，芽接树的原生皮产
量最高，尤其应珍惜，按照农业部目前推广的新割胶制度，一株橡

胶树的原生皮，至少应割 25 年以上。

58. 怎样进行割面规划?

答：（1）根据树围和树皮进行割面规划 芽接树树干呈圆柱形，自芽接位至 100 厘米处树围相差少于 10%，树皮厚度相差少于 15%，基部乳管列数仅比 100 厘米处多 15% 左右，故开割高度宜适当提高。一般 3 年内全部橡胶树都应开割，第一割年开割后剩下的橡胶树，在其后的两年内开割，后来开割的高度必须与已割胶的橡胶树割线高度一致，使整片橡胶树的割线高度相同，以便于割面管理和割胶操作。

（2）根据割制进行割面规划 成龄芽接树推广阴阳刀结合（如 S/4+S/4↑），从高部位原生皮与再生皮相接处割起，向上割至离地 2 米处为止，然后在邻面继续割阴刀。刚开割的芽接树，大多从离地 110 厘米处甚至更低处向上割。阴刀割制，充分利用高部位高产成熟的原生皮，避免吊颈皮，延长再生皮生长年限，延长胶树经济寿命。

59. 开割高度为多少?

答：芽接树刺激割胶新割线下端离地面高度，第一、第二割面 110~130 厘米，再生皮的割面高度不变；芽接树非刺激割胶第一割面新割线下端离地高度为 130~150 厘米，第二割面为 150 厘米。

优良实生树开割高度：优良实生树第一割面离地高度为 50~80 厘米，以后各割面离地均为 110 厘米。

60. 割线方向有何要求?

答：割线方向向下割时，称阳刀割胶，割线称阳线，用符号↓表示（常省去）；向上割时，称阴刀割胶，割线称阴线，用符号↑表示。

多数橡胶树无性系的树皮乳管与树干主轴夹角 2°~7°，逆时针方向从左下方向右上方螺旋排列。因此，割线应是由左向右往下倾斜,这样操作会比相反方向切断更多的乳管。据试验,按这样的方向割胶所得的产量比相反方向高13%。至于割面方向,一般以东北向和西南向为好,同一林段内割面方向应一致。

61. 割线斜度有何要求?

答:(1)割线的斜度 阳刀割线的斜度,实生树为22°~25°,芽接树为25°~30°。阴刀割线的斜度应比阳刀割线大,否则割胶时胶乳外流严重。阴刀割线斜度为40°~45°,能较好地控制耗皮量,外流最少,浪费树皮较少,胶工亦较易割胶。

(2)割线斜顺 割线斜度要求平顺,即割线面平顺直,斜度适当,使整条割线都均匀铺满胶乳,保护伤口,防止树皮干裂或割口回枯太厚,增加耗皮量;冬季低温时也能防止割面病害。使割线排胶畅流,要求整条割线平顺,斜度适当,达到割线斜顺。在下刀、行刀、收刀整个过程中,放刀的角度要始终与割线斜度保持一致,前臂与胶刀始终要保持平直,行刀过程角度不变,切片均匀,头与树应保持30厘米左右的距离。要避免出现"波浪形"或"扁担形"割线。

62. 割线数目指什么?

答:割线数目是指在同一株树上所开的割线条数。传统的割胶制度多以一条阳刀(向下)割线为主。

为了充分利用芽接树高部位高产原生皮,应采用高低部位阴阳刀(向上或向下)轮换割胶制度。阴阳刀轮换割胶有两条割线。按照排胶原理,阳刀割线的排胶面在割线下方,阴刀割线的排胶面在割线上方,两条割线的排胶面互不重叠。而且,高部位树皮乳管成熟,树皮糖分供应充足。这是由于割胶部位破坏了树皮输导系统,使光合作用的糖分更多地累积在阴刀割线上方,而阳刀割线下方因"割面障碍"的限制,导致糖分供应受阻,影响了胶乳再生。实践表明,阴刀割线的产量一般都比阳刀割线高,割线干涸也较少。

对树围较大的橡胶树，在后期强割时常采用 1/4 树围或 1/8 树围的短割线，割线数目两条以上。

63. 割胶强度指什么?

答：割胶强度是指割胶时所采用的割线条数、形式和长度、割胶频率、割胶期的总和。

各种割胶制度的割胶强度可按下列公式计算：

割胶强度＝割线数目×割线长度×割胶频率×400/100

例如：S/2 d/2 的割胶强度＝1×1/2×1/2×400/100＝100%

S/2 d/3 的割胶强度＝1×1/2×1/3×400/100＝67%

2×S/4 d/2 的割胶强度＝2×1/4×1/2×400/100＝100%

S/1 d/4 的割胶强度＝1×1/4×400/100＝100%

64. 排胶强度指什么?

答：排胶强度是指由割胶强度和刺激强度所影响的橡胶树单位时间内（每割次、每周期、每年）排出胶乳的量度。

65. 割胶频率指什么?

答：割胶频率是指割次之间的间隔期，以天为单位。割胶频率的符号是以天（d）为单位的分数。分子是 d，分母表示几天的间隔期，如 d/1 表示每日割（1 天割 1 次），d/2 表示隔日割（2 天割 1 次），d/3 表示 3 日割（3 天割 1 次），d/5 表示 5 日割（5 天割 1 次），d/0.5 表示 1 天割 2 次等。

割胶后胶乳再生，不仅要有充足的水分和养分供应，还需要有生成的时间。一般橡胶树割胶后需要经过 24 小时或更长的时间，胶乳成分（包括干胶含量和非胶组分）才能达到正常水平。近年来，随着高效刺激剂的普遍应用，采用低频割胶已成为割胶制度发展的趋势。

我国把 d/2 割胶制度划分为高频割胶，d/3、d/4、d/5 新割制划分为低频割胶，把 d/6 以上的新割制划分为超低频割胶。

66. 刺激技术指什么?

答: 刺激技术是指所采用的刺激剂, 及其浓度、剂型、剂量、刺激频率、刺激时间、刺激方法。

67. 割胶刀数指什么?

答: 割胶刀数是指割胶的次数。

非刺激割胶制度（常规割胶）, 采用 S/2 d/2（1/2 树围、隔日）割制, 月割 15 刀, 年割 120～135 刀; 采用 S/2 d/3～4（1/2 树围、3～4 天割 1 刀）加药剂刺激的新割制, 月割 7～10 刀, 年割 50～80 刀。

68. 开割期如何确定?

答: 开割期是指每年开始割胶至每年停止割胶的时期。

云南地区以树位为单位, 第一蓬叶稳定转绿植株达 70% 以上, 可动刀开割; 其他地区, 同林段内, 第一蓬叶已老化的植株达 80% 以上, 方可动刀开割, 未达标植株不能割。对物候不整齐的植株, 叶片老化比例达 80% 以上的, 按达标植株对待。

69. 停割期如何判断?

答: 有下列情况之一者停割:

①单株有黄叶 50% 以上, 单株停割; 有 50% 植株停割的, 整个树位停割; 有 50% 树位停割的, 全部停割。

②8:00 气温低于 15℃, 当天停割, 8:00 气温低于 15℃ 连续 3～6 天, 当年停割。

③年割胶刀数或耗皮量达到规定指标的停割。

70. 干胶含量应为多少?

答: 干胶含量是指胶乳中橡胶烃占胶乳总重量的百分比, 简称干含。

PR107、PB86、GT1 等耐刺激割胶品种年均干含 27％以上；RRIM600、海垦 2 等不耐刺激割胶品种年均干含 25％以上。

71. 怎样计算干胶含量?

答：干胶含量是指橡胶在胶乳中所占重量的百分比，一般干胶含量为 30％ 左右，可用下式进行计算：

$$干胶含量 = \frac{干胶重量}{胶乳重量} \times 100\%$$

72. 怎样测定胶乳的干胶含量?

答：①先用 1/10 的天平称出培养皿的重量，然后准确地称取胶乳 10 克。

②用滴管逐滴滴入 5％ 醋酸 20 滴左右，边滴边摇动至胶乳完全凝固，放置半小时后用大头针在胶片上刺上记号，待胶清澄清后完整地取出全部凝块，把它浸在清水中 6 小时，然后挂起来晾干，再放到 70℃ 左右的恒温干燥箱中烘 2 天左右，以烘干为准，此时整块胶片呈透明状，最后把胶片取出来称重，计算干胶含量。

还可利用干胶测定仪测定干胶含量。原华南热带农业大学研究的微波干胶测定仪，可较准确地测定胶乳中的干胶含量，使用快捷方便。

73. 开割橡胶树年生长规律怎样?

答：开割橡胶树在每年 1～3 月为越冬换叶期，地上部分生长和根系活动基本停止；3～4 月根系开始活动，开始抽芽；5～11 月是全年树围生长和产胶的旺季，6～7 月第二蓬叶稳定，8 月中旬至 9 月上旬抽第三蓬叶，12 月后叶片衰老黄化，开始了落叶前的养分转移。故此，施肥时期应与需肥时期相对应。

开割橡胶树 3～4 月抽生第一蓬叶，开放春花，需要大量的养分，这时期的抽叶量占全年抽叶量的 60％～70％，叶片中的氮、磷、钾含量在全年中也以这个时期最高。这第一蓬叶抽生得好坏，对全年的生长和产胶关系重大，必须保证第一蓬叶抽好。6～7月在第二蓬叶抽完后，橡胶树逐步进入全年的高产期，同时茎粗增长显著。据测定，7～10月茎粗增长量占年增长量的60%～70%。因此，7～10月橡胶树需要养分也较多，10月后气温逐渐下降，橡胶树生长减慢，逐步进入越冬期，叶片中的养分含量逐渐下降，到落叶时达到全年的最低点。

二、磨 胶 刀

74. 常用割胶刀有几种？

答：目前割胶刀主要有推刀和拉刀，生产上使用较多的是推刀。磨得好的胶刀，一般可提高产量 4%～10%。

75. 割胶刀有何要求？

答：①使用小圆口推刀或拉刀割胶，禁用三角刀。刀口要保持锋利、平整。

②新刀要定好刀型，刀身内外光滑，凿口平整，均匀，刀口平整、锋利。

76. 怎样挑选新胶刀？

答：一把好的新胶刀应具有钢质好（敲打时声音清脆），两翼基本对称，外面较平顺，近刀口处没有收口现象，胶刀的厚度宜大一些并且要求均匀一致，没有裂痕，刀胸近小圆杆形，弯曲度合适，刀柄安装符合要求。

77. 新胶刀有哪些磨刀工序？

答：磨新胶刀的主要工序有：

（1）检查磨刀石是否平整好用　磨刀前，应先将钢石、红石和细石 3 种磨刀石修理好，平时要经常修理磨刀石，使其保持光滑平顺合用。

(2) 磨胶刀两翼外面和定出小圆杆刀胸　一把好的新胶刀应具有钢质好（敲打时声音清脆），两翼基本对称，外面较平顺，刀胸近小圆杆形，弯曲度合适，刀柄安装符合要求。

(3) 锉平刀口，开出凿口　胶刀的厚度宜大一些，并且要求均匀一致，没有裂痕，近刀口处没有收口现象。刀翼前端 2～3 厘米长的部位是否平直，关系到割胶时是否吃皮，行刀能否平稳。

(4) 磨刀口平整锋利　在磨刀翼时应注意刀石不要超出刀口，以免造成收口。在磨刀时，特别是定刀型时，往往容易把刀磨成收口，造成返工费时。

78. 磨刀石有几种?

答：磨刀石分为钢石、红石和细石。

(1) 钢石　钢石也叫粗石，用于磨新刀、开凿口，定刀型。

(2) 红石　红石硬度介于钢石与细石之间，其用途是在用钢石磨刀后除去钢石的磨痕，再用细石磨光滑。

(3) 细石　细石用于将磨刀磨光滑、锋利。

79. 磨刀石怎样修理平整?

答：**(1) 两面磨平**　把各种磨刀石两面不平的部位磨平，用作磨胶刀外翼平顺面。磨刀石要经常保持平整和一石能多用的要求，这样才有利于磨好胶刀。

(2) 一边修理成双斜面　把磨刀石的一边修理成双斜面，用作磨胶刀内槽。

(3) 一边修理成单斜面　把磨刀石的另一边修理成单斜面，用作磨左右翼的凿口。由于各地磨刀石形状不一致，所以，修成单面或双面斜度时也可根据刀石具体情况决定。

80. 磨刀有何基本要求?

答：无论推刀还是拉刀，磨刀的基本要求是：①胶刀两翼外面要平滑。②刀胸呈小圆杆形，磨圆磨滑。③凿口平顺，均匀。④刀口平整、锋利，直立时刀口看不到白点。

81. 怎样磨新胶刀?

答：磨刀时，左手要按稳刀，胶刀横放在桶上，右手拿刀石，使刀石紧贴刀身，来回平磨（磨拉可立一根高度合适的木桩，把刀靠在木桩上磨），用力要均匀。在磨近刀口时，特别注意不可提高右手，以防止把刀口背面磨斜。

胶刀两翼外面磨平，行刀才稳，好"吃皮"。刀胸磨成小圆杆（口），主要在于割胶时吃割面少，对树皮薄的树也好割，于割胶和养树都有利。大圆杆刀则吃割面多，伤树时特大伤较多，低温季节也容易引起条溃疡病。三角刀（刀胸 1.5 毫米以下）容易割得过深，对养树不利，而且胶线黏着割线不好拉，冬季割线不容易干，易引起割面病害。同时，三角刀也容易伤树，割胶后再生皮生长也较慢。在割胶实践中胶工普遍认为小圆杆刀比较好。

82. 磨新胶刀外翼有哪些方法?

答：用粗石把胶刀两翼磨平顺，常有来回平磨法、旋转磨法和磨出空回法。这 3 种磨法的特点如下：

（1）来回平磨法 来回平磨法用力较均匀，磨刀时有通观整个刀翼的优点，将外翼磨平顺的把握性较大，此法容易被胶工掌握。

（2）旋转磨法 旋转磨法因粗石在刀翼回转的局限性大，往往用力不均匀，将外翼磨平顺的把握性较小。

（3）磨出空回法 磨出空回法是粗石磨出后不再磨回，而是空着回来再磨出去。这种方法也有通观整个刀翼的优点，用力平稳，粗石每次磨出保证有效消耗刀翼应磨部分，同时较容易避免石沫滞留在刀翼上的副作用。

83. 怎样磨小圆杆的刀胸?

答：**（1）先磨一翼，再磨另一翼** 在磨新刀之前，首先要鉴别所磨胶刀的刀胸和两翼的基本位置，做到心中有数。并且应该选出对定刀型比较有利的一翼先磨，然后再磨另一翼。这样的磨法可克服两翼并举、边磨边定的盲目性。

(2) 用粗石磨刀胸　当粗石磨近刀胸时，应在刀胸两侧均匀留出约1.5毫米宽暂不磨，使已磨和未磨部分明显可见。当两翼基本磨好时，就用粗石从未磨处向刀胸仔细回修，从而达到刀胸顺直又具有小圆杆刀所要求的弧度。如果刀胸两侧不留出1.5毫米宽的部分，而把刀胸磨成没有小圆杆的弧度，那就变成三角刀了。如果未磨部分留下过多不敢磨，则圆的直径过大，就变成中圆或大圆杆刀型了。

84. 如何鉴别小圆杆刀胸？

答：小圆杆刀胸的鉴别应该采取外形观察和刀胸度量相结合的方法。外形观察是通过分析刀胸的不同宽度和弧度来判定刀型状况。刀胸度量法在外形观察后进行，做法是先由检查组统一磨出标准的三角刀（刀胸圆直径为0.15厘米以下）、小圆杆刀（刀胸圆直径0.16～0.20厘米）、中圆杆刀（刀胸圆直径0.21～0.25厘米）、大圆杆刀（刀胸圆直径0.26厘米以上）作为样刀，在硬纸片上印出样刀刀口的模型，然后将胶刀逐一对着样刀模型进行检查。

85. 胶刀两翼怎样磨平直？

答：胶刀两翼磨平直的方法：

（1）先磨前端，后磨后端　采用横磨法磨刀翼前端2～3厘米长的部位，待前端磨好后再磨后端，这样不容易出现收口。磨后端时，砂石不要再磨及前端，基本磨好以后，再用横磨的方法进行全面平衡修整。

（2）先磨刀胸，后磨刀口前端　将胶刀两翼前端2～3厘米空着不磨，待刀翼其余部分基本磨好后再采用横磨的方法磨前端2～3厘米处，磨至基本符合要求时再进行全面平衡修整。

在磨刀翼时应注意刀石不要超出刀口，以免造成收口。刀翼前端2～3厘米采用横磨，这样不易磨收口。待刀胸磨出1.5毫米左右的顺直线、两翼磨成平顺稍带弧形后，把粗石放在左手上，右手拿刀在粗石上滚磨，使刀翼和刀胸达到顺直圆滑并具有小圆杆的要求。

（3）磨刀平稳 磨刀时一定要刀平、石平，胶刀要抓稳，眼睛要看准，刀石要前斜向外推，千万不要使刀石滑下。当刀石推到角边时，应轻轻将刀石向上提起，不碰及刀角，这样就能保住刀口的两个翼角。

86. 怎样磨"一字凿"?

答："一字凿"的磨法通常有立刀磨法、控制磨法和平刀磨法3种。平刀磨法对磨"一字凿"较好。这种磨法的特点是看得准，对内槽凿口保护得好，减少返工，又不麻烦。

磨"一字凿"的方法：首先把刀口锉平，把胶刀立起来用粗石将刀口较厚的部分磨薄，使刀口厚度基本一致，然后把胶刀平放在桶口边上，下垫一块布以稳刀护刀，刀口朝向自己，一手握紧刀柄，一手握稳粗石，从刀槽中心向外横磨。开始先磨一个约2毫米宽的小"一字凿"，接着根据刀口厚度把小凿口开到适当宽度。凿口基本定好后，再把刀立起来用粗石修理至厚薄均匀，并用红石和细石磨锋利。拉刀首先要求磨好拉割的凿口，然后才磨推割的凿口。

87. 怎样磨凿口才锋利好割?

答：推刀凿口的磨法应根据胶刀质量和所割胶树的树皮特性而定。一般刀口厚度为1.2毫米，凿口长度应为5～6毫米，刀口厚度与凿口长度之比为1：4～5。在树皮较硬或胶刀质量较差的情况下，凿口要求是在大凿口上套一个不明显的小凿口，但不能磨成双凿口；对于树皮较松软或质量较好的胶刀，则磨成平顺均匀的凿口。拉刀的磨法也基本一样。

88. 怎样磨刀口才平整锋利?

答：按以下顺序磨刀，可使刀口平整锋利。

(1) 先平刀口 开凿口之前，先用粗石锉平刀口，把刀口个别厚的部位锉薄拉齐，并用红石磨去粗石磨痕。看刀口是否平整，可把胶刀竖立，此时锋顶应比两个翼角高出约 1 毫米，并且从锋顶到两个翼角成直线倾斜，这样的胶刀平放时刀口就显得平齐了。

(2) 留线防崩 粗石开凿口，凿口不宜开得太薄，刀口均匀留出一条较细的白线，然后使用红石把凿口上的粗石磨痕磨去，把刀口稍微加工，但不要用细石磨锋利。

(3) 防止砂口 使用红石后，则用细石平刀口，并把刀口的红石磨痕磨去，外翼加工光滑，把刀口上的轻微反口磨去。

(4) 平整锋利 最后用细石磨锋利，此时要特别注意克服急躁情绪，刀石应顺凿口斜度均匀磨动，不要乱摆，并利用细石粉浆的润滑和缓冲作用，小心认真加工，保证刀口平整锋利。

89. 磨刀时怎样才能保住刀口的两个翼角?

答：磨刀时一定要刀平、石平，胶刀要抓稳，眼睛要看准。刀石要前斜向外推，千万不要使刀石滑下，当刀石推到角边时，应轻轻将刀石向上提起，不碰及刀角，这样就能保住刀口的两个翼角。

在胶刀检查中，往往有一些光滑度很好、凿口也开得不错的胶刀，割起来却显得不稳或者不"吃皮"。这主要是胶刀外翼的问题。一把标准的推刀，刀胸要求顺直，两翼均匀对称，整个刀身从后部向刀口均匀微微顺大（拉刀要求前后一样大）。用这样的刀割胶就平稳，又"吃皮"。如果刀口磨成突然翘起的喇叭形，就显得吃皮厚、难掌握、行刀不稳；如果把刀翼磨得前后几乎一样大，像竹筒一般，或者外翼近刀口处磨低时，刀就不易"吃皮"，经常打滑，造成行刀不稳。一些好看却不好割的胶刀，一般除了存在以上刀型缺点外，可能刀身的弯曲度也有问题。

90. 怎样磨日常胶刀?

答：每日割完胶后必须磨刀。除需要修理不平整的刀口外，一般不要用钢石磨，只用红石磨刀身，磨干净，将刀口基本磨利，然后用细石磨锋利、磨光滑即可。日常磨刀要注意保持好刀型，刀口要保持平整，切不可把刀翼两角磨掉。

如果胶刀需要修理而使用钢石时，哪一部分需要修理，就磨哪一部分，不可用钢石把整把刀磨过。如需要平整刀口，可用磨小凿口的办法，哪里突出就磨哪里，直到磨平为止，这样较为省工。胶刀磨好后，要用干净的干布擦干，套上刀套，放在干燥处备用。

在磨胶刀过程中，要集中精神，耐心、细心，并注意安全。

91. 怎样磨砂口胶刀?

答：每天割完胶后要把胶刀磨锋利以备使用。但在磨刀时，有些胶刀刀口出现砂口，当遇到这种情况时，应用细石或红石先把砂口磨平。因为胶刀砂了口，刀口出现高低不平，如果不先平刀口就磨，刀口各部位的锋利程度就不一致，会出现一些部位锋利，而另一些部位尚未锋利，当继续把尚未锋利的部位磨锋利时，已锋利部位往往会磨崩，这样既增加了磨刀时间，又加速了胶刀损耗。

如果先平去砂口，统一了刀口的厚薄度，然后根据刀口厚薄决定使用粗石、红石或细石，这样既有利于加快磨刀进度，又有利于延长胶刀的使用寿命。

92. 胶刀应磨到什么程度才算标准?

答：一把标准的推刀或拉刀应具有以下特点：

（1）胶刀外翼平滑 一把标准的推刀，要求刀胸顺直，两翼均匀对称，整个刀身从后部向刀口均匀微微顺大（拉刀要求前后一样大）。用这样的刀割胶就平稳，又"吃皮"。如果把刀翼磨得前后几乎一样大，像竹筒一般，或者外翼近刀口处磨低时，刀就不易"吃皮"，经常打滑，造成行刀不稳。

(2) 刀胸小圆杆，凿口斜顺 刀胸顺直圆滑，凿口斜度平顺均匀。刀翼前端2～3厘米采用横磨，这样不易磨收口。待刀胸磨出1.5毫米左右的顺直线、两翼磨成平顺稍带弧形后，把粗石放在左手上，右手拿刀在粗石上滚磨，使刀翼和刀胸达到顺直圆滑并具有小圆杆的要求。

(3) 刀口平整锋利，看不到白点。

(4) 好割和有利于养树 在割胶过程中，胶刀磨得好坏对产量有着一定的影响，磨得好的胶刀能增产5%～15%，且不造成伤树，有利于养树割胶。

93. 怎样定刀型？

答：定刀型要做到看、稳、准。

(1) 看 就是要看好先磨哪里，这是定出刀型的关键，即定出首先要磨的部位。

(2) 稳 就是看好以后把刀放稳，把刀石拿稳。胶刀可以放在桶口边上，也可放在砖头上用脚踩稳，用手抓住粗石大力推磨，这样磨得快，但新胶工较难掌握。

(3) 准 就是准确地磨，做到想磨哪里就磨哪里，先磨关键部位，把刀型大体上磨出来，然后再把两翼磨平顺。

94. 怎样定推刀？

答：**(1) 刀柄、刀胸和锋顶三点成一直线** 推刀的刀胸和刀柄必须成一条直线。刀胸偏向左翼或者偏向右翼方向，都会造成行刀不稳。新刀可把刀胸朝上，从刀柄向刀胸检查直度，看刀柄后端、刀胸后端和胶刀的锋顶三点是否成一直线。如果不成直线，就把刀敲下来重新定直打紧；如果这样还不行，就要另想办法修正。对偏差严重的可另换刀柄。拉刀可根据割线高度统一调刀，割高割线的适当调弯一些，割低割线的适当调直一些，无须像推刀那样作定直检查。

(2) 检查刀身的弯曲度 在调整推刀的刀柄、刀胸和锋顶三点成一直线时，必须同时注意检查刀身的弯曲度，因为胶刀刀身太直时，割起来不好过条沟，又易伤树；而刀身太弯则不易"吃皮"。测量校正方法有二查：一查推刀锋顶与刀尾内侧水平线的垂直距离。具体做法是把刀槽向下，把刀尾内侧稳按在桌面或凳面上，按放的长度以 2 厘米为宜，然后量桌面与锋顶的垂直距离，如为1.8～2.2厘米者，则是合适的刀身弯曲度。二查刀尾与刀柄是否在一条直线上。具体做法是，把胶刀的一翼朝上，看刀尾与刀柄是否成一直线，如果刀尾与刀柄成直线，刀身的弯曲度就基本合适。如果刀尾偏向刀槽或偏向胸脊一边，则刀身的弯曲度就有待修正。

95. 怎样修正推刀的刀身弯曲度？

答：（1）**修正不合适的刀身弯曲度**　当发现胶刀本身存在太直或太弯的缺点，并且胶刀又有修改的余地时，可以根据刀身的弯直情况分别在刀胸前部或刀胸中部用粗石作适当处理，把刀身弯曲度尽量修正好。

（2）**修正不合适的刀尾与刀柄的安装**　经检查，如果刀尾与刀柄安装偏了，则把胶刀敲下来调换一个方向。也可酌情加木签修正，以达到刀身应有的合适弯曲度。

96. 如何修理日常用的胶刀？

答：（1）**平刀口**　修理日常用的胶刀，一般应在割完胶后及时进行，以免生锈难以保持两翼光滑。发现砂口或凹凸不平，应先平刀口。平刀口时把刀竖起，用红石大角度斜向外翼削平磨顺，然后再用细石磨锋利。

（2）**砂口磨平**　胶刀刀口出现砂口，应用细石或红石先把砂口磨平。如果砂口大，可以先用粗石削平，然后用红石，最后用细石磨锋利。

修理日常用的胶刀应根据刀口厚薄决定使用粗石、红石或细石，这样既有利于加快磨刀进度，又有利于延长胶刀的使用寿命。

97. 胶刀分几个等级?

答:胶刀等级分优、良、及格、不合格 4 个等级。

(1) 刀口 主要看锋利整齐,优 35 分、良 30 分、及格 25 分、不合格 20 分。

(2) 凿口 主要看斜顺均匀,优 25 分、良 21 分、及格 16 分、不合格 11 分。

(3) 刀胸 主要看是否小圆杆和顺直,优 20 分、良 17 分、及格 12 分、不合格 7 分。

(4) 两翼 主要看平直,优 20 分、良 17 分、及格 12 分、不合格 7 分。

98. 胶刀怎样评级?

答:胶刀评级分一级、二级、三级、等外 4 个等级,满分 100 分,总分≥90 分评一级;75~89 分评二级;60~74 分评三级;<60分评等外。在 4 个项目中只要有一项不合格,总分评为不合格。磨刀技术评分标准见表 2。

表 2 磨刀技术评分标准

项目	评分标准
刀口 (35 分)	锋利整齐(35 分),锋利较整齐(30 分),较锋利不够整齐(25 分),不够锋利不够整齐(20 分)
凿口 (25 分)	斜顺均匀(25 分),斜顺较均匀(21 分),斜顺基本均匀(16 分),不够斜顺均匀(11 分)
刀胸 (20 分)	小圆杆顺直(20 分),小圆杆较顺直(17 分),小圆杆基本顺直(12 分),小圆杆不够顺直(7 分)
两翼 (20 分)	平直(20 分),较平直(17 分),基本平直(12 分),不够平直(7 分)

三、割胶操作

99. 割胶工具有哪些？

答：割胶工具包括：胶刀、磨刀石、胶刮、胶线箩、收胶桶、胶舌、胶杯、胶杯架、胶灯和氨水瓶等。割胶工具的优劣程度，对胶树的产量有直接的影响。

（1）**胶刀**　常用的是推刀，少数用拉刀。一般说来，低割线（离地60厘米以下割线）适于用推刀；中割线，推拉刀都方便；高割线（离地150厘米或以下的割线）用拉刀时，则从割线的高端割向低端，推刀则相反，从割线的低端割向割线的高端；割高割面的阴刀时（离地150厘米以上）则用推刀，用拉刀很不方便。一把好胶刀应该是钢质好，不易钝，两翼对称，外侧平顺；刀口锋利，近刀口处没有收口现象；刀身无锈无裂痕，刀胸近小圆杆，弯曲度合适；刀柄与刀胸成一条直线。通常，一个胶工应配备两把胶刀。

（2）**磨刀石**　磨刀石包括钢石、红石和细石。

（3）**胶刮**　胶刮用于收胶时将胶杯中倒剩余的胶乳刮净到胶桶，通常胶刮是用废轮胎胶磨制成牛舌形，其大小和形状要与胶杯内壁吻合，软硬要适中，边缘也要软硬一致、光滑，以便把胶收干净。收胶前先用水洗湿，这样收胶时不易沾胶。收胶中如发现胶刮沾胶，应随即将沾胶凝块拨去。收胶后要马上洗干净备用。

（4）**胶杯**　常用的胶杯容量为250～500毫升。橡胶树施用刺激剂后，产量骤增，要根据橡胶树产量状况配备大胶杯（如800毫升以上），以节省收胶时间。胶杯内釉面要光滑，不易沾胶，倒胶方便，易清洁。

（5）**胶杯架** 胶杯架用铁丝绕成，割胶时放接纳胶乳的胶杯；胶杯架铁丝两端不宜钉入树皮太深，以免伤树生瘤。

（6）**胶桶** 一般每个胶工配备大桶和小桶各一个。大桶可装胶乳 15～20 千克，小桶可装 7～10 千克。胶乳多的树位应多配一个大胶桶。为了便于机械化运胶，胶桶最好加盖盖子，以免胶乳溅出浪费。无论胶桶大小，规格都要一致。

（7）**胶箩** 割胶时用于收集胶线和凝胶块。每个胶工应配备一个。一般用竹篾编成。

（8）**胶舌** 又称鸭舌，槽形，长 7～8 厘米，宽 2～2.5 厘米，一端截平，一端半圆形，白铁皮制成。平的一端钉入树皮内。胶舌用来引导胶乳从割线流入胶杯。

100. 怎样安放胶舌、胶杯架和胶杯?

答：胶舌可在开好割线后钉在前水线正中离割线下端 8～10厘米的树皮内，向下成 45°角，以利胶乳畅流，不可钉得过深，以免伤及形成层。胶杯架安放在胶舌下方 15 厘米左右处，其两端的铁丝不宜钉在树上过深，以免伤及形成层。只需稍微弯曲以卡固在树身上即可。

101. 怎样开割线?

答：（1）**用画线器定割线位置** 画线器由一根木条和一块铝片组成，木条长度等于开割高度，铝片宽约 2 厘米，长度比半树围长 10 厘米左右。铝片和木条固定成一个角度（90°＋割线斜度角）。

（2）**开前后垂线** 开割线时，先开后水线（也称后垂线）和前水线（也称前垂线），然后将画线器紧贴在前水线上，木条的下端置于地面或接合点处，铝片向左边围绕半个树周，用粉笔沿铝片画出标线，再用胶刀沿粉笔线开出割线。前、后水线都不宜开得过深，以不流出胶乳为宜。新开割胶树，前、后水线应浅开，一直开到地面或接合点较好，这样有利于避免在割胶过程中可能出现的割线变长或变短现象。另外，前水线的斜口应向后，后水线的斜口应向前。

102. 怎样使用胶刀？

答：为保证树皮的规划利用，获得更高的产量，割胶时的下刀、行刀和收刀必须做到以下几点：

（1）**下刀够深、整齐**　下刀是行刀的开始，下刀时左手要拿稳刀，刀背紧贴边线，将胶刀刀路向外侧，并以割线斜度相同的角度对准边线向内插入至够深，然后用后手的腕力轻快地向外前方位置转出，同时前手食指配合向外拧出。前后垂线不要开得太深。通常，下刀时一刀即下够深度，下刀切皮的厚度要与行刀切皮的厚度一致，以防止割线弯曲。下刀太深，将来再生皮会出现条沟。

（2）**行刀稳、准、轻、快**　割胶时，要拿稳胶刀，看准割线，均匀轻松地推割，做到接刀准，用力轻，减少胶刀摩擦割口和割面，深浅厚薄适当，割片呈长方形皮（有效皮占50％以上）。在稳、准、轻的基础上，还要提高割胶速度，割得快。不仅争取在最有利于排胶的时间内割完，而且轻快结合，减少对乳管口的摩擦。平时割胶应割平刀，高温干旱季节可割稍正刀，有利于排胶。10月中旬以后低温期应割稍侧刀，有利于防病。为防止跳刀，站位要适宜，行刀时刀背紧靠边线，左手腕力要转得轻快，右手食指配合向外拧转，这样可防止跳刀。

（3）**收刀整齐、够深**　行刀至离前水线3～4厘米处时，挑1～2刀，然后将刀平稳地轻推至前水线，此时刀锋顶已到前水线，但下刀翼仍未到，右手应稍放低，胶工外脚跟相应稍向外侧转，使下刀翼与前水线平齐后就要平口往外刮出，这样收刀就会整齐够深。

割高割线，当刀接近边线时，眼睛看准刀的左翼，待左翼到达边线后，把后手提高，使刀的左翼和右翼都到达边线时才拉出，这样收刀比较整齐，不会超过边线。

103. 推刀如何操作?

答:(1) 拿刀 左手握稳刀,在一般情况下,当由上往下推割时,左手握紧刀柄的后端,右手握刀柄的前端,但不要握得太紧,右手食指伸入刀槽中部定稳刀。割胶时左手肱部与刀柄成一直线。如割线高过胸部,还能看准割面时,则改换右手握紧刀柄,左手拇指和食指拿住胶刀的底翼扶稳刀,从下往上推割。当割线高过头部,看不准割面时,用右手握紧刀柄,左手抱住树干,单手从下往上推割。

(2) 下刀 下刀是行刀的开始,下刀前,先从割线中间拉起胶线,然后右脚尖站到边线处适当距离,左脚在后自然分开,两腿适当弯曲站稳,下刀时左手要拿稳刀,刀背紧贴边线,将胶刀刀路略向外侧,对准边线切入树皮,并以割线斜度相同的角度对准边线向内插入至够深,然后用后手的腕力轻快地向外前方位置转出,同时前手食指配合向外拧出。下刀够深时,将刀往外挑出,皮薄的树,一刀就可下够深度,皮厚的树要挑1~2刀才能割够深度,如下刀过深,将来再生皮会出现条沟,不利于割胶。下刀时切皮厚薄要与行刀时切皮的厚度一致,以防止割线弯曲。

(3) 行刀 行刀要稳、准、轻、快。胶工割胶时,必须做到手、脚、眼、身配合好,姿势自然,才能做到割胶深浅均匀,切片长短、厚薄均匀。关键是必须掌握"稳、准、轻、快"的操作要领。

行刀时稳、准、轻、快要配合好,中心是准。前手定稳胶刀,后手均匀轻松地用力推割。用平刀法切皮,刀口沿着树身转,要领是以身带刀,而不要以刀带身。切近方片(有效皮占50%以上)。如刀口向外飘,切皮就会呈三角皮或"萝卜丝",这样有效皮少,产量低。每割一刀,当刀口刚好切断树皮时,立即向后退到接口处,对准前一刀够深的地方接刀,做到接刀准,且注意深度和切片厚度均匀,既要避免刀退得过后,造成重刀或伤树,又要防止退得不够,造成漏刀。行刀时,用力要轻,减少胶刀擦压割口(乳管)

和割面。在稳、准、轻的基础上做到割得快，即好中求快。在转弯时，速度要慢点。过条沟时，速度也要放慢，遇小条沟时以慢连刀通过，遇大条沟时，则以挑刀通过，并注意挑够深度。脚步要自然配合，移步时，前脚跨步大一些，后脚跨步小一些。

（4）**收刀** 收刀要求整齐够深。当行刀到接近水线时，速度要放慢，行刀至离前水线 3～4 厘米处时，连挑 1～2 刀，此时刀锋顶已到前水线，但下刀翼仍未到，右手应稍放低，至剩下约 0.5 厘米树皮时，后脚移半步，前脚跨一步，后脚随即在原地转 90°角，站稳，使下刀翼与前水线平齐，眼看水线内缘，轻轻推一刀，将刀平稳地轻推至前水线，到水线边时，刀稍向内移动，然后平拉起刀，收刀就会整齐。

割高割线，当刀接近边线时，眼睛看准刀的左翼，待左翼到达边线后，把后手提高，使刀的左翼和右翼都到达边线时才拉出，这样收刀比较整齐，不会超过边线。

104. 拉刀如何操作?

答：（1）拿刀 割线高度适中时，右手紧握刀柄，左手掌握刀身。当割线较高但还能看准割面时，右手握稳刀，左手抱树，用单手拉。低割线可从下往上拉割，拉割时，换左手握刀柄，右手掌刀。

（2）**下刀** 拉刀割胶和推刀割胶要求相同，但要注意下刀时刀柄不要低于割线。

（3）**行刀** 拉刀割胶和推刀割胶要求相同，但在步法上，移步时，右脚大步后退，左脚退步可小一些。

（4）**收刀** 速度要慢点，退够脚步，使身体站得自然时才能收刀。

105. 高割线反推刀如何操作?

答：高割线反推刀适用于离地 1.3 米以上的割线，其基本操作方法是：

(1) 握刀 与顺推刀不同，右手在后紧握刀柄，食指直放，起定刀作用。胶刀与手前臂成直线，不要向里或向外弯曲。割线太高的可握后一点，并用单手握刀；较低的割线可用双手握刀，双手握刀时，左手拇指和食指指尖向上掐住刀根（又称刀丝，有孔处）进行定刀即可。

(2) 用力 右手用力，整个手臂按割线斜度的方向用暗力均匀地将刀送出，不要冲、顿、摇，这样比较容易控制刀锋，使刀切片长短厚薄一致，深浅掌握也容易。如双手握刀，左手起定刀作用，以减轻右手食指负担。

(3) 下刀 左脚站位与水线对齐，脚尖向前，左手拇指和食指抓住左刀角置于下刀处，贴紧树身，然后右手用暗力对准外边线慢慢插入，够深度时右手握刀依托边线用手腕力向外挑出，左手也配合向外拉出，不够深度时可在内侧再重复操作一次。若刀刀如此，则下刀整齐、够深，有利于胶水流入胶杯。反之会引起外流、伤树，造成不应有的浪费。

(4) 行刀 整个过程要求稳、准、轻、快，切片不宜太长，以2厘米左右为好。行刀时身体向后绕树身移动，并稍向左右倾，左肩比右肩稍低，使重心向后，以助转身。同时侧身向树，不要正面对树。握刀姿态在一般情况下不要变动，做到身移刀跟，一刀一片。人与树身的距离要适当，行刀时脚的站位远近要适合，过高、过低的割线离树身稍远一些。脚步的移动紧紧配合身体转动，移动时，右脚从右向左后退，右脚尖与左脚后跟成近 T 形，但不要停留，整个脚步移动的过程也就是顺推刀脚步的还原过程，这样的脚步可以使转身容易，姿势自然，不致因脚步移动不当而影响行刀。另外，较高的割线脚步要走小一点，较低的割线右脚后移时跨步大一点。

(5) 收刀 当行刀近后水线时，速度要放慢，左刀翼到达后水线后，右手轻轻向上提起，待刀的两翼与后边线对齐后再向外拉出即可，要注意防止刀冲过边线割到未开割的树皮。

用反推刀法割高割线的基本操作方法，总的要求要轻松自然，姿势正确，做到以身带刀、带脚步，其操作要领可简单归纳为四句话：精神集中眼看清，侧身带刀退步行，右手握刀用力均，平刀切片稳、准、轻。

106. 割高割线时怎样才能做到收刀整齐？

答：割高割线，当刀接近边线时，眼睛看准刀的左翼，待左翼到达边线后，把后手提高，使刀的左翼和右翼都到达边线时才拉出，这样收刀比较整齐，不会超过边线。

107. 阴刀割法的要求是什么？

答：阴刀割法要求为：

（1）**阴刀割胶的割线斜度宜为 40°～45°** 传统的割胶方法都采用阳刀割胶。中国热带农业科学院研究认为，高部位树皮有丰富的糖含量，割线上方为高糖区，割线下方为低糖区，阴刀割胶的胶乳糖含量比阳刀割线的高 69.3～82.9 个百分点，阴刀割线比阳刀割线产量高 10% 以上。

（2）每刀切皮厚度要适当厚些，割口应向上反侧。

（3）胶刀凿口要有 0.8～1.0 厘米宽。

108. 阴刀如何操作？

答：阴刀割胶时，站的姿势、操作方法不对、割线过平等都容易引起体力疲劳，颈疼背疼，其操作基本要领跟阳刀割胶一样，要求稳、准、轻、快。操作方法如下：

（1）**姿势** 手、眼、身、脚配合好，身体稍倾向胶树，前身稍低，站的位置始终与树身保持同等的距离，行刀时脚步、身体要紧跟上，握刀柄的手腕要直，眼看准底线三角点，用手臂力推刀。

（2）**拿刀** 右手握紧刀柄，拇指按于刀柄上面，其余四指把刀柄紧握掌中。左手手心向上，拇指在刀身上面，食指在下面扶稳刀身（近刀柄处），其余3指上屈握住刀柄和刀身连接处。如果割线过高需要单手割胶时，右手握稳刀柄，食指按在刀身上面，以稳定刀身。

(3) 走步 两脚分开站稳,左脚在前,右脚在后,脚尖朝割面,身稍前倾,随着行刀,右脚从左脚后边自右向左随着树身移动,当右脚站稳,左脚即向后移步,以保持身体平衡。

(4) 行刀 刀口向上呈35°~40°行刀,胶刀始终保持同样斜度,整个过程要求稳、准、轻、快,手、眼、脚、身配合好,刀身与割线接触宜小,一般刀口背面与割线接触1.5厘米。行刀时要以身带刀,刀口随树身转,用手臂力推刀,进刀和退刀用力均衡轻松、有节奏,使切片长短基本一致、厚薄均匀、近似方皮。遇有小凹沟时,可用侧刀连刀割,大凹沟则用挑刀。

(5) 接刀 接刀要对准底线三角点,一刀一刀地均匀向前行刀,刀口保持向上呈35°~40°。这样才能做到吃"麻面"少,割面呈明显的小线条,深度均匀,底线清,胶乳外流少。

(6) 下刀和收刀 下刀前拔净胶线,顺割线斜度下刀离前水线约2厘米,要割到应割的深度。行刀到离后水线约2厘米时,应稍减慢速度,左刀翼到垂线则将刀柄向上稍提起收刀。

总之,阴刀割胶的最大难题是胶乳易外流。要克服外流,一是提高阴刀割胶技术,胶工需考核合格后才能上树位;二是雨后割面不干不割;三是可在割线下方安装接胶槽。

109. 割胶操作有何要求?

答:割胶操作要求手、脚、眼、身要配合协调,做到稳、准、轻、快,达到"三均匀"。

通常,技术优良的胶工要比技术一般的胶工多产20%~30%的橡胶,而且伤树少,耗皮少,树皮再生速度快,橡胶树产量高,经济寿命长。

110. 如何做到手、脚、眼、身配合协调?

答:割胶是一种精细且技术性很强的手工操作,手、脚、眼、身四配合是指在割胶中手、脚、眼、身的姿势要正确,要轻松自然地协调行进。手握稳胶刀，掌稳行刀的方向，使刀不向上、下、左、右摇摆而是顺沿着割线斜度方向前进。脚要站在离树适当的位置，自然地移步向前。眼睛要斜侧看准接刀点，身体向侧弯与眼睛自然配合行进。在橡胶园生产中，虽然其他抚管措施相同，但由于割胶工具和割胶技术不同，会产生相差悬殊的产量效果。

111. 如何做到稳、准、轻、快？

答：稳、准、轻、快即拿刀稳、接刀准、行刀轻、割得快。稳、准是基础，是达到深度均匀、割面均匀、切片均匀的前提。要在稳、准的基础上求轻、快，提高割胶效率，也就是在保证质量的基础上加快速度，中心是接刀准。

"稳"就是左手握刀时，刀要握紧，手腕与刀柄成一直线；右手拇指和中指握紧刀柄前端，扶定刀身，食指伸直放入刀槽中部，轻微靠近刀身左翼，起扶刀定向作用，行刀时胶刀要始终保持一定的斜度。

"准"就是下刀要靠准后水线的外边线，行刀时要以身带刀，脚步要跟上，用手臂力量均衡而有节奏地将胶刀顺着树身的弧度向前推进。每刀都要接准前一刀，但要避免重落在已割的刀路上。进刀和退刀幅度约为 2∶1，在整个行刀过程中要做到基本一致，使之达到切片厚薄、长短均匀，接刀均匀，深度均匀。

要拿稳胶刀，看准割线，均匀轻松地推割，做到接刀准，用力轻，减少胶刀摩擦割口和割面，而且深浅厚薄要适当，割片呈长方皮（有效皮占 50% 以上）。

"轻"就是行刀时压力要小，刀身与割线的接触面不宜过大，一般只在距刀口 1.5 厘米左右处。行刀时要用手臂力，不用手腕力推刀，以免"摇手"，用力要有节奏且均衡，进刀用力不可过大，以免"冲刀"；退刀时要退准三角皮处，不可过后，以免"重刀"；进刀和退刀要有节奏地连接起来，不要停顿，以免"顿刀"。上述操作摩擦大、压力重，对排胶和产量都不利。

"快"就是要在"稳、准"的前提下求"快"。"快"关键不在走路，而在操作。因此，要割得快，就必须在操作上下功夫。在稳、准、轻的基础上，还要提高割胶速度，割得快。这不仅可以争取在最有利于排胶的时间内割完，而且轻快结合，也可以进一步减少对乳管口的摩擦。平时割胶应割平刀，高温干旱季节可割稍正刀，有利于排胶。10 月中旬以后低温期应割稍侧刀，有利于防病。为防止跳刀，站位要适宜，行刀时刀背紧靠边线，左手腕力要转得轻快，右手食指配合向外拧转，这样可防止跳刀。

112. 如何达到"三均匀"?

答："三均匀"即接刀均匀、深度均匀、切片均匀。稳、准是达到"三均匀"的前提。割胶操作切忌顿刀、漏刀、重刀、压刀和空刀。良好的割胶技术应该既能挖掘橡胶树产胶潜力，又能"刀锋养树"，做到产量高，伤树少，耗皮少，再生皮恢复快，养树好。割胶操作的熟练水平，对胶树的产量和健康状况都有直接的影响。

113. 割胶"六清洁"指什么?

答：割胶"六清洁"是指:

(1) **树干和树基部清洁** 树干上的泥土、青苔、蚁路、外流胶、胶头泥、树基部旁的杂草等，均需经常清除。

(2) **胶刀清洁** 胶刀要锋利、光滑、无锈。

(3) **胶杯清洁** 每年开割前，要将胶杯彻底清洁一次。割胶时，要抹净胶杯；收胶时，要刮净杯内的胶乳，收胶后将胶杯斜放在胶杯架上，杯口向着树干，以防露水、雨、沙等沾污胶杯。

(4) **胶舌清洁** 每刀或隔刀要清除胶舌上的残胶、树皮、杂物。

(5) **胶刮清洁** 每次收完胶，要洗净胶刮上的残胶。胶刮不宜在硬而粗糙的物面上摩擦，以免磨损表面，难于清洁。

(6) **胶桶清洁** 胶桶在使用前后应洗干净，不能用于装水果、咸鱼、咸酸菜等物，以免引起胶乳凝固、变质。

114. 割胶操作中的"十防止"指什么?

答：割胶操作"十防止"是指：①防止刀柄对胸；②防止摇手；③防止顿刀；④防止漏刀；⑤防止重刀；⑥防止乱刀；⑦防止压刀；⑧防止空刀；⑨防止以刀带身；⑩防止差半步收刀。

115. 割胶技术有何要求?

答：**(1) 伤树少**　割胶技术要求消灭特伤、大伤，小伤尽量少。割胶不伤树，还能使产量达到最佳状态，良好的割胶技术应该既能挖掘橡胶树的产胶潜力，又能"刀锋养树"，做到产量高、伤树少、耗皮少、再生皮恢复快、养树好。

(2) 耗皮适量　一般的天气情况下割胶，每刀耗皮厚度为0.12 厘米。

(3) 割胶深度均匀、割面均匀、切片均匀　在一般情况下割胶，以割到离形成层 1.2～1.8 厘米为宜，割面均匀，面积应占整个割面的 90% 以上，切片近长方皮，且厚薄和长短较一致。

(4) 割线斜度平顺　幼龄和中龄实生树的割线斜度一般为22°～25°。芽接树和老龄实生树为 25°～30°。

(5) 下刀收刀整齐够深。

(6) 行刀轻快。

(7) 死皮、条溃疡病害少。

(8) 高产稳产。

(9) 磨刀技术好　一般情况下割胶应割平刀。高温干旱季节可割稍正刀，这样有利于排胶。10月中旬以后低温期应割稍侧刀，这样有利于防病。

(10) 搞好"六清洁"，及时回收长流胶和杂胶。

116. 割胶深度多深为宜?

答：割胶深度是指割胶时割去树皮的内切口与形成层间的距

离。芽接树常规割胶深度为离木质部 0.12～0.18 厘米，实生树割胶深度为 0.16～0.20 厘米。

刺激割胶制度 PR107 等较耐刺激品种割胶深度不小于 0.18 厘米，RRIM600 等较不耐刺激品种割胶深度不小于 0.20 厘米；非刺激割胶树割胶深度在 0.12～0.18 厘米。

割胶要求深度均匀、割面上下平顺、切片均匀。橡胶树树皮中的乳管大多集中在砂皮和黄皮。不同列的乳管基本上不相连通，只有割到一定深度，才能使更多的乳管列排胶。

实生树（包括低产芽接树）刺激割胶深度为离木质部 0.16～0.20 厘米。割面均匀，面积应占整个割面的 90% 以上，切片近长方皮，且厚薄和长短较一致。

117. 怎样掌握割胶的深浅度？

答：（1）**根据树情调节割胶深浅度**　好的割胶技术能做到根据大气、橡胶树生长物候、胶树产量和健康状况合理调节深浅度，做到需要割深时能深，需要割浅时能浅；达到割面、深度、切片三均匀。

（2）**接刀准确**　掌握深度均匀的关键在于接刀准，下一刀应对准上一刀够深的地方接刀。如果接刀位置移前就会浅出或漏刀，接刀位置移后就会加深或重刀。对胶乳容易凝固的橡胶树应稍割深些，稍正刀些，割线斜度稍大些，否则胶乳容易外流，造成有割无收的现象。割胶深度均匀，即从下刀、行刀到收刀的深度要符合要求。

118. 树皮消耗每刀多少？

答：树皮消耗是指每割一刀或一定时间内（1 个月、1 年）切割树皮的厚度（厘米）。

（1）**阳线每刀耗皮 0.14～0.16 厘米**　一株正常生长的胶树，其经济寿命的长短，主要取决于割胶的耗皮量。没有树皮，橡胶树就失去其特有的经济价值。在正常天气和隔天割的情况下，乳管末端的胶塞厚约 0.8 毫米，而且还向内部收缩。割胶时，以割去乳管胶塞和收缩部分为准。耗皮量：d/2 与 d/3 割制，阳线每刀耗皮 0.14 厘米，d/4 割制为 0.16 厘米，按年规定刀数计算耗皮量，每年开割前在树上做出标记，当达到规定界限后，立即停割。

（2）**阴线每刀耗皮 0.18～0.20 厘米**　阴线每刀耗皮量：d/2 与 d/3 割制 0.18 厘米，d/4 割制 0.20 厘米。

（3）**根据割口情况确定每刀耗皮量**　每刀耗皮量，应根据割口的回枯情况而定。割口湿润时，每刀耗皮 1.0～1.2 毫米；割口干枯时，每刀耗皮 1.5 毫米。割皮太薄，没有把乳管末端的胶塞和收缩部分割完，产量当然很低；相反，割得太厚，产量也不会增加。更严重的是耗皮量太大，超过树皮的再生速度，树皮不够周转，被迫去割未成熟的再生皮，将造成产量下降。

119. 树皮厚薄不均匀时如何割胶？

答：（1）**用慢连刀、挑刀、随弯转刀**　树皮厚薄不均匀时割胶，遇到小条沟时用慢连刀通过。遇到中条沟时用挑刀通过。遇到大条沟时，推刀采用一刀过弯的方法通过，即抓稳刀，使刀口沿着割面随弯转刀前进，中间不返刀；拉刀则应采用分段割的方法，先割下半段，再割上半段。

（2）**割稍正刀，防止乱刀**　对再生皮厚薄不均匀的树应割稍正刀。对伤瘤多、流胶又快的树，则采用分段割法，先割下半段，后割上半段，这样可以防止外流。同时，看准接刀口接刀，一刀一片皮，防止乱刀，即不要做盲目的切片动作。

120. 割胶中为什么有些胶线会黏割面？

答：黏割面现象与割胶技术有关，也与品系有关。凡是胶刀大三角或割胶深度不均匀或吃割面高低不一时，都容易引起胶线黏割面。有的品系如海垦 1 号也容易黏割面。对这样的品系应采用中圆

53

杆胶刀割胶,而且一定要割得深浅均匀。

121. 怎样割胶才能做到割面均匀?

答:(1) **行刀保持平直,看准接刀点** 行刀时前臂与刀柄要保持平直,用臂力推刀前进。行刀时应侧身斜看接刀点,每刀都从三角点处接刀。

(2) **保持好刀翼靠割面的宽度** 刀翼靠割面的宽度应保持约0.1厘米,这样容易割出不明显的小线条。

(3) **用力适度** 胶刀只有前端2厘米长靠在割线上,用力的大小以靠稳为度,太重时容易压割面,太轻时刀容易往外飘出。

(4) **要以身带刀** 即以身体向前倾的姿势,跨步移动身体带动胶刀前进,刀自然地跟着身走,刀与身保持平齐并进。

122. 怎样防止割线出现波浪形?

答:(1) **行刀时切片均匀** 防止割线出现波浪形的关键在于切片厚薄要均匀。下刀时薄皮树要做到一刀够深,厚皮树一刀不够深时,第二刀只能在割线内侧补一小刀把内皮割去,不能重复割外皮。行刀时切每片皮的厚度要基本一致;收刀时,左手不要抬高,防止差半步。

(2) **掌握割皮厚薄度** 如割线太平时,从下刀到收刀逐渐割厚。如割线呈波浪形,则在凸起来的地方割厚些,凹下去的地方割薄些。对于一些较难修改的割线,可在原割线下方5厘米左右处另开一条符合斜度标准且不出胶乳的浅割线,这样对于什么地方该厚割,什么地方该薄割就较容易掌握了。

123. 怎样克服切片中带有碎片?

答:如果割胶时行刀速度快而身体跟不上,就会出现把刀送到已经切过的位置上重切而产生碎片的现象。

克服产生碎片的方法是行刀时刀口要紧跟割面转,看准接刀口接刀,一刀一片皮,防止乱刀,即不要做盲目的切片动作。

124. 近长方皮、四方皮和三角皮各有什么特点？

答：（1）近长方皮　有效皮占 60%～90%。

割胶时割近长方皮比较好，割这种皮割胶速度比较快，这样的切片有效皮多，行刀摩擦少，产量高，也比较容易操作。要割出近长方皮，必须在割胶时做到以身带刀，刀口随着割面转，而且手、脚、眼、身要配合好。手抓刀要稳，脚步要跟得上，眼睛要看得准，身体要转得快，进刀要长，退刀要短，向前行刀和绕转行刀相结合。

（2）四方皮　有效皮占 90%以上。

在割胶中割四方皮虽然有效皮很高，但不容易操作。

（3）三角皮　三角皮分细三角皮和粗三角皮。细三角皮有效皮占 10%左右，粗三角皮有效皮占 40%左右。

割胶时应尽量防止割出三角皮。刀口向外冲或以刀带身，都容易割出三角皮。

125. 怎样才能割出近长方皮？

答：在割胶中采用切近长方皮的方法较好，这样的切片有效皮多，行刀摩擦少，速度快，产量高。

要割出近长方皮，必须在割胶时做到以身带刀，刀口随着割面转，而且手、脚、眼、身要配合好。手抓刀要稳，脚步要跟得上，眼睛要看得准，身体要转得快，进刀要长，退刀要短，向前行刀和绕转行刀相结合。

126. 怎样割胶才能做到好中求快？

答：（1）胶刀要符合要求　如果胶刀有不吃皮、不利、不稳、砂口、崩口等现象时，就会影响割胶的质量、速度和产量。

（2）割胶技术要熟练　割胶技术要熟练是好中求快的基础。在割树皮较圆滑、没有条沟的橡胶树时，割胶速度要快些，要用连刀割，中间尽量不要停刀；在割条沟较多、树皮伤瘤较多的树时则要适当慢些，采用挑刀和连刀相结合的方法来割，做到该快则快，该慢则慢。

(3) 割近长方皮　割胶要切近长方皮，不要切三角皮或"萝卜丝皮"。每片皮长 2～3 厘米，不要太长，也不要太短。

(4) 连续作业　割胶时要连续作业，学会从中点起拉胶线，边走路边擦胶杯，走路要保持中等速度，不要太慢。

127. 怎样减刀？

答：减刀的途径包括：一是推迟开割时间，以保证叶片老化、叶色浓绿、光合能力强、胶乳再生的原料丰富。二是采用新割制，施用乙烯利后，采用大量减少割次的新割制。一般周期割制比连续割制更优越，有利于利用增产高峰期，放弃峰后低产刀次，提高每割次产量。三是提早停割，冬季低温，胶乳易长流，又是条溃疡易发季节可提早停割。

128. 如何确定短期休割与浅割？

答：干胶含量低于 25% 时短期休割；发现二级以上死皮树时，单株停止涂药，并实行浅割；低温排胶时间过长时浅割。割线干涸停割率，不得超过 0.5%。

129. 风害树何时复割？

风害 3 级树新抽叶稳定后复割；风害 4 级树的新枝条，抽叶 3～4 蓬，形成一定树冠后复割；风害 5 级树新枝条抽叶 5 蓬以上复割。

风害达到复割标准开始割胶时要适当浅割。

130. 风害树如何分级？

答：台风对橡胶树的危害主要是机械损伤，其症状为叶片破损、落花落果、落叶、折枝断干（包括树干劈裂和扭裂）、倾斜和倒伏等，以断干倒伏的灾情比较严重，生产上用橡胶树的风害级别表示橡胶树遭受风害的程度。目前，划分风害的分级标准执行中华人民共和国农业行业标准 NY/T 221—2006《橡胶树栽培技术规程》的橡胶树风害分级标准，见表3。

表3 橡胶树风害分级标准

级别	类别	
	未分枝幼树	已分枝胶树
0	不受害	不受害
1	叶子破损，断茎不到 1/3	叶子破损，小枝折断条数少于 1/3 或树冠叶量损失小于 1/3
2	断茎 1/3～2/3	主枝折断条数 1/3～2/3 或树冠叶量损失大于 1/3～2/3
3	断茎 2/3 以上，但留有接穗	主枝折断条数多于 2/3 或树冠叶量损失大于 2/3
4	接穗劈裂，无法重萌	全部主枝折断或一条主枝劈裂，或主干 2 米以上折断
5		主干 2 米以下折断
6		接穗全部断损
倾斜		主干倾斜小于 30°
半倒		主干倾斜 30°～45°
倒伏		主干倾斜超过 45°

注：断倒株数＝4级株数＋5级株数＋6级株数＋倒伏株数。

风害调查以上述分级标准进行。风害情况的统计项目包括风害率、风害平均级别、风害断倒率，其计算公式如下：

$$风害率 = \frac{各级风害株数之和}{调查总株数} \times 100\%$$

$$风害平均级别 = \frac{\sum(各风害级值 \times 该风害级的株数)}{调查总株数}$$

除 1～6 级风害级别值外，倾斜列入 1 级计，半倒列入 3 级计，倒伏列入 5 级计。

$$风害断倒率 = \frac{4级株数＋5级株数＋6级株数＋倒伏株数}{调查总株数} \times 100\%$$

在上述 3 项统计中，以风害断倒率应用最为普遍且重要，最能反映灾情，因为它与产量直接相关。

131. 寒害树何时复割?

答:树冠寒害 1~2 级树第一蓬叶老化后复割,3 级树第二蓬叶老化后复割,4~5 级树形成一定树冠后复割;茎干、烂脚寒害树,待寒害稳定病灶周围开始长出愈伤组织,并对病灶进行防虫防腐处理后复割。

寒害达到复割标准开始割胶时要适当浅割。

132. 寒害树如何分级?

答:生产上用橡胶树的寒害级别表示橡胶树遭受寒害的程度。目前,划分寒害的分级标准执行中华人民共和国农业行业标准 NY/T 221—2006《橡胶树栽培技术规程》的橡胶树寒害分级标准,见表 4。

表 4　橡胶树寒害分级标准

级别	类　　别			
	未分枝幼树	已分枝幼树	主干树皮	茎基树皮
0	不受害	不受害	不受害	不受害
1	茎干枯不到 1/3	树冠干枯不到 1/3	坏死宽度小于 5 厘米	坏死宽度小于 5 厘米
2	茎干枯 1/3~2/3	树冠干枯 1/3~2/3	坏死宽度占全树周 2/6	坏死宽度占全树周 2/6
3	茎干枯 2/3 以上,但接穗尚活	树冠干枯 2/3 以上树冠全部干枯,主干干枯至 1 米以上	坏死宽度占全树周 3/6	坏死宽度占全树周 3/6
4	接穗全部枯死	主干干枯至 1 米以下	坏死宽度占全树周 4/6 或虽超过 4/6 但在离地 1 米以上	坏死宽度占全树周 4/6
5		接穗全部枯死	离地 1 米以下坏死宽度占全树周 5/6	坏死宽度占全树周 5/6
6			离地 1 米以下坏死宽度占全树周 5/6 以上直至环枯	坏死宽度占全树周 5/6 以上直至环枯

注:茎基指芽接树结合线以上 15 厘米,实生树地面以上 30 厘米的茎部。芽接树砧木受害可另行登记,不列入茎基树皮寒害。

133. 胶乳长流是什么原因?

答:胶乳长流指橡胶树排胶时间长达 7~12 小时,甚至 24 小时之久的现象。这种长流的胶乳浓度往往很低,干胶含量有时不到 10%。胶乳长流的原因,一方面是由品系的特殊所致。另一方面则由于营养失调或冬季低温或化学刺激而造成,其中一部分是死皮发生前的一种预兆。

当营养失调时,橡胶树的新陈代谢和物质合成就受到影响,凝固酶生成减少,活动也弱,因而使胶乳不易凝固,割线封闭延迟,引起胶乳长流。胶乳长流又使得营养损失更大,而营养物质的大量损失又反过来加剧胶乳的长流。

冬季低温时凝固酶的活性减弱,使胶乳凝固变慢,也会引起长流。

乙烯利刺激后,长流胶增加,有的过度长流至下午,甚至到翌日早晨。

134. 胶乳长流如何处理?

答:对胶乳长流的橡胶树,应降低割胶频率并适当浅割,以免营养流失过度。同时要加强抚育管理,增施镁肥、火烧土和磷肥等,以提高橡胶树的营养水平和凝固活动所需要的条件,减少胶乳长流。

对化学刺激引起长流的橡胶树,可通过调节刺激剂的用量、次数和方法,采取适当的割胶措施等加以克服。

135. 胶乳外流是何原因?

答:割胶时胶乳不顺着割线下流至胶舌和胶杯为胶乳外流。割线上胶乳外流的原因很多,当树身不干、割胶或割线斜度不平顺或乙烯利刺激时,都容易出现胶乳外流。

乙烯利刺激造成外流胶的原因是割线上乳管停止排胶的时间先后不一,即有的乳管已经停止排胶,乳管口附近已形成胶块,但另一些乳管仍继续少量排胶，以致所排出的胶乳有的形成胶泡，有的外流。这种现象大多数在涂药后割胶 1～3 刀时发生，改善刺激方法可避免出现这种现象。

136. 在割胶中怎样防止胶乳外流?

答：行刀时接刀要准，不要漏刀，刀身不要忽侧忽正地摆动；经常注意搞好树身清洁；在割胶中做到树身不干不割；要开好前水线，以利于胶乳顺着水线流入胶舌；胶舌要钉在收刀处下方 8～10 厘米的地方，不要离得太远。

137. 胶乳外流怎样处理?

答：割胶时胶乳外流的处理方法：

(1) 胶乳引流　割胶时每割几株后要回头看一看有没有胶乳外流，发现外流时，先用手把胶乳引过外流部位，然后用一个胶舌在外流处刮一下。

(2) 接刀要准　对于一些用一般方法处理后仍然外流的橡胶树，行刀时接刀要准，不要漏刀，刀身不要忽侧忽正地摆动，割线不能外倾，要保持割线斜顺。

(3) 胶乳顺流　要开好前水线，以利于胶乳顺着水线流入胶舌，胶舌要钉在收刀处下方 8～10 厘米的地方，不要离得太远。

138. 伤树会怎样?

答：割胶时把水囊皮和形成层割掉而露出木质部称为伤树。

伤树不仅影响产量，而且容易引起条溃疡、割面霉烂和割线干涸等割面病害，有时还会生出瘤来，使橡胶树伤疤累累，低产难割。因此，割胶时应该避免伤树。伤树分为明伤和暗伤。

(1) 明伤　割胶时直接割伤形成层，使树皮不能再生，形成伤疤，这是明伤。

(2) 暗伤　割胶时割伤水囊皮为暗伤。

若在低温、干旱、台风等逆境时割伤水囊皮，也会导致形成层受伤，这是暗伤。

割胶时切忌超深割胶，因为超深割胶虽然切断较多的乳管列，但同时也破坏了水囊皮，切断了树皮的输导组织（筛管），使养分大量流失。

139. 怎样在割胶中消灭大伤、特伤?

答：(1) 提高割胶技术 割胶中出现大伤、特伤，主要是行刀不稳，刀口忽侧忽正、忽低忽高，形成吃割面的现象。因此，割胶时要消灭大伤特伤必须苦练割胶技术，做到稳、准、轻、快，不断提高割胶技术。

(2) 分清树皮结构 对树皮中的砂皮、黄皮、水囊皮辨别不清，割伤了也不知道，一连几刀伤下去，出现伤块伤带。因此，要认真了解树皮的结构，分清哪里是砂皮，哪里是黄皮，哪里是水囊皮，哪里是木质部，发现一刀伤了，可以用胶刀在树皮上做个记号，下一刀注意割浅一点。

(3) 行刀要看准深浅度 割胶时要看准深浅度割胶，该加深的地方就加深，该放浅的地方就放浅，防止在一个地方连伤几刀。行刀不看深浅度，总是跟着上一刀的深度割下去，时间一久，就会导致有的地方不够深，有的地方伤得厉害。当发现某个部位出现小伤或超深时，避免再伤的方法有二：一是转身要慢，握刀的后手略偏向内，以使刀口偏向外切片；二是采用稍正刀浅出方式通过伤口。

140. 伤树（口）率指什么?

答：伤树（口）率是指一个月内割胶时伤及形成层的橡胶树（伤口）数占所调查总株数的百分率。

141. 特伤、大伤和小伤标准如何?

答：NY/T 221—2006《橡胶树栽培技术规程》规定的伤树率要求是：消灭特伤，大伤伤口率少于5%，小伤伤口率少于20%。

割胶上通常用特伤、大伤和小伤来表示橡胶树割面受伤的程度，橡胶树伤树标准如下：

(1) 特伤 伤口长 1 厘米，宽 0.4 厘米。伤口面积 0.4 厘米×1.0 厘米。

(2) 大伤 伤口长 0.26~0.99 厘米，宽 0.26~0.39 厘米。伤口面积介于特伤和小伤之间。

(3) 小伤 伤口长、宽各为 0.25 厘米。伤口面积 0.25 厘米×0.25 厘米。

142. 伤口怎样计算?

答：**(1) 伤口计算** 在进行树位割胶检查时，测算伤口的面积是测定伤口的长和宽，然后算出它的面积。为了工作方便，也可以用白铁片自制简易伤口测量器进行测量。

特伤伤口的个数是按特伤标准的倍数计算，超过规定标准一倍算 2 个，超过两倍算 3 个，依此类推。如果测出的面积不正好是特伤标准的倍数，则剩余的部分符合大伤标准就算大伤的个数，符合小伤标准的就算小伤的个数。

(2) 伤口率计算 伤口率和伤树率都能反映胶工伤树的严重程度。伤口率分特伤伤口率、大伤伤口率和小伤伤口率，是指伤口数占调查株数的百分数。它比较具体地反映了各类伤口的数量。计算公式如下：

$$伤口率 = \frac{伤口数}{调查株数} \times 100\%$$

(3) 伤树率计算 伤树率是指被割伤的株数（包括特伤、大伤、小伤）占调查株数的百分数。计算公式如下：

$$伤树率 = \frac{割伤的株数}{调查株数} \times 100\%$$

143. 怎样在割胶中消灭大伤、特伤?

答：**(1) 行刀要稳** 行刀时刀口不能忽侧忽正，形成吃割面忽低忽高的现象。

（2）**对树皮要辨别清楚**　对树皮中的砂皮、黄皮、水囊皮要辨别清楚，掌握好割胶深度，防止总是跟着上一刀的深度割下去。

（3）**行刀注意看深浅度**　行刀时注意看割胶深浅度，及时发现割伤情况，避免割伤了却不知道，一连几刀伤下去，出现伤块伤带。

144. 不同品系的橡胶树如何选择割胶制度？

答：不同品系在产量和副性状方面都有很大差异。对高产或高产且又长流胶的橡胶树品系，要适当浅割，因为高产树排胶性能好，如深割被切断的乳管多，养分流失量大，容易出现营养亏损而死皮。如 RRIM600 应适当浅割。乳管靠内的品种，要适当深割。如 PR107、GT1 应适当深割。

采用乙烯利刺激割胶，耐刺激的品系 PR107、GT1、南华、93-114、7-33-97 等，开割前 3 年一般可用 $0.5\%\sim1.0\%$ 乙烯利刺激割胶，随着割龄的增长刺激浓度可逐步提高，但最高不能超过 4%。不耐刺激的品系 RRIM600、IAN873、海垦 1 号等，开割前 3 年暂不刺激，第四割龄开始可用 1% 乙烯利刺激割胶，随着割龄的增长，刺激浓度可逐步提高，但最高不能超过 3%。

145. 不同树龄如何选择割胶制度？

答：不同树龄应采用不同强度的割胶制度，见表 5。

表 5　不同树龄采用不同强度的割胶制度

开割年度	割面	割胶强度	可参考的割制
第 1～3 年	原生皮	67％	S/2 d/3
第 4～10 年	原生皮	100％	S/2 d/2
第 11～25 年	第一、二次再生皮	130％左右	S/2 d/3+ET（或 2S/2 d/3）
第 26～35 年	第二、三次再生皮	200％左右	S/2 d/3+ET（或 2S/2 d/3+ET）
更新前 2～3 年	第三、四次再生皮	200％以上	2S/2 d/2+ET（或 S/2+S/2↑↓）

注：↑↓ 表示阴阳刀割胶。

146. 如何进行更新前强割?

答:(1)增加割线　所谓更新前强割,即指在更新前1～2年或1年之内的杀树性割胶,以获取更高的干胶产量。在强割阶段都要增加割线而且普遍使用刺激剂。割线可增加到2条、3条、4条等。为了在多割线的情况下维持1年或1年以上,阳割线在同一割面要保持80厘米以上的距离。

(2)实行同面阴阳刀割胶　在更新强割阶段不存在施肥管理问题,也不存在防止死皮问题,以及割胶时伤树等问题。尽量利用高割面树皮,以割阴刀方式利用高割面树皮。阴阳刀割胶,排胶的影响面大,排胶力增强,尤其是阴线的排胶力具备优势,可获得更高的产量。

(3)适当加大刺激剂浓度　更新强割阶段可适当加大刺激剂浓度,但在割线增多及刺激的情况下,割胶频率不能太高,要维持在3天或4天一刀的水平。这样在强割的制度下,可用相对较少的胶工。

(4)配备必要的工具　如长柄胶刀,割高割线用的轻便梯子等。

147. 割胶质量怎样考核与评分?

答:中华人民共和国农业行业标准NY/T 1088—2006《橡胶树割胶技术规程》中规定了割胶质量考核项目与评分标准,见表6。

表6　割胶质量考核项目与评分标准

项目	评分标准与适用范围				等级	分数	
	评分条件		割胶制度			树位检查	树桩考核
			常规割胶	刺激割胶			
割胶深度	离前后水线2.0厘米处及割线中间各测1点(每株3个点)	3点符合	0.12～0.18厘米	PR107等≥0.18厘米,RRIM600等≥0.20厘米	优	26	22
		2点符合			良	23	20
		1点符合			及格	20	17
		全不符合			不及格	16	13

（续）

项目	评分标准与适用范围			等级	分数	
	评分条件	割胶制度			树位检查	树桩考核
		常规割胶	刺激割胶			
耗皮量	离前后水线5厘米处与割线垂直测量的平均数（每刀耗皮超0.05厘米，在耗皮量中扣1分，扣完为止，如扣完，耗皮得分等于0分）	阳线刀耗皮	阴线刀耗皮			
		<0.120厘米	d/3≤0.140厘米，d/4<0.16厘米	优	24	21
		0.121～0.127厘米	d/3 0.141～0.142厘米，d/4 0.161～0.162厘米	良	21	18
		0.128～0.133厘米	d/3 0.143～0.144厘米，d/4 0.163～0.164厘米	及格	18	15
		＞0.133厘米	d/3≥0.144厘米，d/4≥0.164厘米	不及格	14	11
割面均匀	割面90%以上均匀	（同左）	（同左）	优	22	15
	割面80%～90%均匀			良	20	14
	割面70%～80%均匀			及格	17	13
	割面70%以下均匀			不及格	13	10
割线斜度	斜度合适，平面顺直	阳线斜度要求25°～30°	阳线斜度要求25°～30°，阴线斜度要求40°～45°	优	14	8
	斜度合适，割线有点波浪			良	12	7
	斜度合适，割线波浪较大			及格	9	6
	斜度合适，割线波浪明显			不及格	7	5
下刀	在下刀0.5厘米处	（同左）	（同左）	优	7	5
	够深、整齐					
	够深、稍整齐			良	6	4
	稍够深、稍整齐			及格	5	3
	不够深或超深、不够整齐			不及格	3	2

65

（续）

项目	评分标准与适用范围			等级	分数	
	评分条件	割胶制度			树位检查	树桩考核
		常规割胶	刺激割胶			
收刀	够深、整齐	（同左）	（同左）	优	7	5
	够深、稍整齐			良	6	4
	稍够深、稍整齐			及格	5	3
	不够深或超深、不够整齐			不及格	3	2
伤口	树位（树桩）消灭特伤口和大伤口的奖 10 分，每一个特伤口扣 4 分，一个大伤口扣 2 分；小伤口：树位不奖不扣，树桩每一个小伤口扣 1 分。有多少扣多少					
割胶速度	以长度 30 厘米的割线为准，割 15 刀，平均每刀耗时	14 秒		优	10	
		15 秒		良	8	
		16 秒		及格	6	
		17 秒		不及格	4	
切片均匀	近长方皮，有效皮占 90% 以上			优	7	
	有效皮占 80.1%～89.9%			良	6	
	有效皮占 70%～79.9%			及格	5	
	有效皮占 70% 以下			不及格	4	
切片数	以长度 30 厘米割线的切片数（缩短或延长割线的按此类推）	少于 30 片		优	7	
		31～35 片		良	6	
		36～40 片		及格	5	
		多于 40 片		不及格	4	

注：1. 每个树位检查 25 株，阴阳线割胶的阴线 10 株、阳线 15 株。

2. 割胶深度：每树位检查 5 株，阴阳线割胶的阴线 2 株、阳线 3 株。

3. 全部推广小圆杆胶刀割胶，树位割胶用三角刀和大圆杆刀一律定为等外胶工，三角刀和大圆杆刀一律不准参加比赛。

4. 超线扣分：每超 0.25 厘米扣 2 分，不足 0.25 厘米的部分不扣分，超多少扣多少。

5. 割线倾斜度每大于或小于 2°的各扣 1 分，超多少扣多少。

6. 以株为项计分，最后以其所占的得分比例计算总分。

树桩考核：90 分及以上为一等，75.0～89.9 分为二等，60.0～74.9 分为三等，60.0 分以下为等外。

树位检查：85.0 分及以上为一等，75.0～84.9 分为二等，60.0～74.9 分为三等，60.0 分以下为等外。

7. 伤标准：特伤：伤口面积 0.4 厘米 ×1.0 厘米；小伤：伤口面积 0.25 厘米×0.25 厘米；大伤：介于特伤和小伤之间。

四、养树割胶

148. "三看"割胶指什么？

答： 所谓"三看"割胶，指看天气、看季节物候、看树情况割胶。根据橡胶树的产胶、排胶规律，采取相应的割胶措施，合理调节排胶量，做到该多拿产量时，要充分合理拿到手；该少拿产量时，则留有余地；不该拿产量时，及时停割，从而使橡胶树的排胶量和产胶能力之间保持动态平衡，达到高产稳产。

"三看"割胶的理由是：不同的物候、天气、品种以及同一品种的不同植株，橡胶树的产胶能力和排胶习性都有差别。在割胶强度、深浅和早晚等方面，要因时因种因树制宜。譬如抽芽长叶，需要消耗大量的养分、水分，减少了橡胶合成的原料来源，就得适当浅割、轻割。特别是每年开割的物候，更要严格掌握好。以一株树来说，一定要在新叶片充分稳定之后一周左右，才能开割。因为在此之前，橡胶树体内所贮存的养料都用于越冬御寒和枝叶生长，在新叶转为深绿稳定后，才有新制造的养料供橡胶合成之用。如果过早割胶，由于养分的供给不足，橡胶叶变薄、卷曲、发黄，光合作用能力差，将影响全年的产量。

149. 养树割胶指什么？

答： 养树割胶指在割胶生产中把挖掘产胶潜力和保护产胶能力有机地结合起来，使橡胶树在整个经济寿命期间高产稳产的技术手段。产胶能力是指橡胶树生产橡胶的能力。

养树割胶的基本内容就是常说的"三看"割胶。在割胶生产中，如果不注意养树，就会减弱或破坏橡胶树的产胶能力，使产量下降；相反，如能养树割胶，实行管、养、割三结合，则可保护和提高产胶能力，使橡胶树高产稳产。因此，割胶要正确处理管、养、割三者的关系，实行科学割胶，采用合理的割胶强度和刺激强度，保护和提高橡胶树的产胶能力，保持排胶强度与产胶潜力平衡，使整个生产周期持续高产稳产。要正确划分橡胶树的产胶类型，按橡胶树的品种特性、树龄和生产条件，规划设计割胶制度和化学刺激措施。要积极采用先进科学技术，提高割胶劳动生产率和单位面积产量，降低生产成本。

150. "管、养、割"指什么？

答：橡胶树获得高产稳产，良种是基础，管、割、养则是关键。

（1）管　即橡胶园管理，只有管好橡胶园，高产品种才能发挥高产的优势；橡胶园管理的重点是土、肥管理。在土肥管理上，既要重视施肥，更要重视保肥。在充分利用好橡胶园自然植物，橡胶树落叶和控萌材料作压青、盖草的基础上，严禁在橡胶园铲草皮积肥。按照营养诊断指导增施必要的有机肥和化肥。施肥也要做到因地因树施肥，高产树、瘦地等适当多施。反之，可适当少施。管理是高产稳产的基础。做好日常抚育管理才能使橡胶树长势健旺，合成营养物质能力强，产胶潜力大。

（2）养　即对橡胶树的保养。只有养好，才能做到持续而稳定地增产。在尽量减少橡胶树刀伤，死皮病害的同时，要防止内伤死皮，使橡胶树的产胶潜力和排胶强度平衡。要注意做好对高产树的保护，做好"三看"割胶和冬季"一浅四不割"，及早发现胶水大增、大减、长流、干含低、胶水分离等死皮前兆，及时休割，或停停割割。养树是高产稳产的保障，保护橡胶树的健康和产胶能力，才能保证长期高产。

（3）割　即割胶技术。只有割胶技术好，才能得到最高产量。先进的割胶技术指割胶基本功过硬，善于挖潜割胶，获得高产稳产；又善于保养树，少外伤，少内伤死皮。据统计割胶技术每差一级，产量相差 $10\%\sim15\%$；磨刀技术每差一等，产量相差 $5\%\sim12\%$。只有割胶技术好，胶刀磨得好的胶工，才能获得高产量，且耗皮、伤树和死皮都少。

割胶是高产稳产的重要环节。合理割胶主要是执行"三看"割胶和防病割胶。应根据橡胶树生长势及不同生长时期合理安排割胶制度和割胶强度。管、养、割三结合养树割胶，就是把对橡胶树进行日常施肥、抚育管理，保护和提高产胶能力以及合理割胶增加产量三方面很好地结合起来，以达到高产稳产的目的。

151. 怎样看季节物候割胶？

答：（1）根据季节物候制订割胶策略　割胶策略为稳、紧、超、养。

稳：每年开割时要稳得住，要等第一蓬叶老化的植株达 80% 以上才动刀开割。第二蓬叶抽叶至稳定前应少割胶（少拿产量）。据介绍，叶片尚未充分稳定就割胶比叶片充分稳定后一周再割胶的，年产干胶前者只为后者的 $80\%\sim90\%$。

紧：要抓紧抓好产胶潜力大的旺产期适当挖潜，如海南那大地区为 $5\sim10$ 月，要抓住好天气，善于采取刺激手段进行适当挖潜。

超：生产计划应立足于提前完成，在 8 月底以前宜完成年度计划的 60% 以上，在冬季低温来临前超额完成任务。

养：在整个割胶过程中都要注意养树。超额完成任务后应及时停割养树，转入冬管。

（2）根据季节物候决定开割期和停割期

开割：橡胶树的高产以叶茂为基础。在橡胶树落叶期间割胶所得的胶乳是动用贮备糖而取得的，但橡胶树抽叶时也需要应用贮备糖。只有叶片生长老化后进行光合作用时，才重新为橡胶树本身提供新的糖。因此，每年橡胶树第一蓬叶生长的好坏对当年产量的高低关系最大，为了保证橡胶树第一蓬叶生长好，不能提早开割，一定要待第一蓬叶老化后才能开割。一般以一个林段中有80%以上的植株叶蓬老化才开割，其余的稳定一株开割一株。

停割：在冬季8：00前温度低于15℃时应临时停割，若这种低温持续3～6天，则当年全面停割。另外，一株树若黄叶达一半以上，则应单株停割；一个林段半数以上的树黄叶达一半以上，则当年全面停割。冬季停止割胶的时间，一方面取决于气温的高低，另一方面取决于叶片黄化的程度。当气温持续保持在15℃以上，橡胶树黄叶量占全树位的8%～20%时立即停割，这样可减少对来年产胶潜力的影响。

（3）根据季节物候调节割胶深度和转换割线 橡胶树一年之中的产胶能力随季节物候的变化而产生弱一较强一较弱一强一弱的变化，在固定的割胶制度中，割胶深度也应随之发生变化，一般是每年开割初期浅割，以后略深割，第二蓬叶抽吐时又浅割，待第二蓬叶老化之后，开始深割直到10月低温到来，胶乳长流，又浅割。这样通过割胶深度的调节来达到养树的目的，解决产胶与生长、产胶潜力与排胶强度之间的矛盾。例如海南那大地区，3～6月第二蓬叶稳定前浅割，离形成层1.5毫米；7～10月第二蓬叶稳定后深割，离形成层1.2毫米；10月以后浅割，离形成层1.5毫米。也可以采取3～4月浅割，5月深割，6月浅割，7～10月深割，11～12月浅割的割法。云南植胶区，一般3～4月上旬浅割，4月上旬至5月深割，6～8月浅割，9～10月深割，11月浅割。云南地区应提早一些时间转高线割胶。海南地区9月下旬开始，30厘米以下的低割线应转高线割胶。

152. 怎样看天气割胶？

答： 看天气割胶，主要是要根据天气情况，来决定割胶时间、割胶顺序和割皮厚薄。

（1）按早晨温度及天气情况决定当天割胶时间 清晨气温19～24℃，相对湿度80%左右，静风的气候条件，有利于橡胶树的产胶、排胶，胶工在天明前后割胶即可。高温干旱季节（海南一般是5～10月），对排胶不利，胶工应点灯于4：30左右割胶，因此时气候凉爽有利于排胶。进入雨季之后，湿度较大，天明前割胶往往出现长流胶，容易引起死皮，应在天明时割胶。入秋以后，气温下降，也应在天亮后割胶。在低温季节（11月后）因夜间气温较低，改为天亮后割胶，不然，长流严重，易得病害和死皮。入冬低温到来，早晨气温低于15℃，必须停割。

（2）按天气情况调整割胶深度和割树皮的厚度 湿度大，气温凉爽的天气，排胶畅通，要适当浅割。高温干旱时，要适当深割和割皮厚一点。入秋之后，低温来临前则要浅割。雨天停割几天之后的第一次割胶，树皮要割厚一点，遇雨天冲胶的第二、三刀也应割厚皮。又如高温干旱或吹旱风时，割口容易干，就应适当深割些；因雨停割数天后，第一刀也应割厚些，否则得不到应得的胶水。

（3）按天气情况变换割胶路线 割胶路线关系到一个割胶树位中开割的先后次序。一般每个割胶树位中有高产树和低产树，可用变换开割先后次序的方法来调节排胶时间和发挥产胶潜力。

在点灯割胶季节的正常天气时，割胶宜采用割中产片→高产片→低产片的胶路割胶。

在炎热或干旱季节，割胶采用割高产片→中产片→低产片的胶路割胶。

低温季节割胶采用低产片→高产片→中产片；中产片→高产片→低产片；低产片→中产片→高产片三种胶路轮流割胶。

在炎热或干旱天气，应先割高产树和高产片，后割低产树和低产片。

湿度大的凉爽天气，可先割低产树和低产片，后割高产树和高产片。

低温季节，为了保护高产树群的产胶能力，应先割中产树，再割高产树，后割低产树。

（4）掌握好雨后割胶 在雨季割胶时，要特别注意防止雨水冲胶，故在阴天可能下雨的情况下，应先割低产树。雨后割胶要做到树干不干不割。树干干后先割高坡、向阳、通风、高割线片，后割其他胶树。

（5）根据天气掌握刀法 通常割胶为平刀，高温干旱季节割胶为稍正刀，冬季低温割胶为稍侧刀。

153. 怎样看树割胶？

答：（1）根据品种（系）特性和植株特性确定割胶深度和频率 看树割胶，是看树的产量、树皮和排胶状况的差别，而采取不同的割胶方法。对高产品种或高产且又长流的橡胶树，要适当浅割，如 RRIM600 应适当浅割。因高产树排胶性能好，如深割被切断的乳管多，养分流失量大，容易出现营养亏损而死皮。乳管靠内的品种，要适当深割，如 PR107、GT1 应适当深割。低产树适当深割才能提高产量，低产树排胶性能差，深割不会出现长流，也不易死皮。

（2）根据干胶含量、流胶时间确定割胶方法 对干胶含量低、流胶时间长的橡胶树要浅割，或停停割割、或割线斜度小而较平缓。对干胶含量高、流胶时间短的橡胶树要深割，割线斜度应稍大些，割的树皮也应稍厚些。根据中国热带农业科学院试验，开割以后的头两个月实行强割，干胶含量会迅速下降到 26% 以下，严重影响下半年产量和干胶含量的恢复。因此，芽接树刺激割胶，干胶含量 9 月以前不宜低于 28%，10 月以后不宜低于 26%。并以此作为"警戒指标"。当低于"警戒指标"时，应采取降低割胶频率的办法割胶，如改 d/3 为 d/4 或 d/5，使休割期延长，有利于干胶含量的恢复。

（3）根据植株健康状况确定割胶强度 遭受风、寒害的橡胶树和非正常树，应按复割标准，酌情恢复割胶和施用刺激剂。死皮树要在处理后达到复割标准时，才能割胶。死皮前兆期，应停停割割；死皮扩展期、干皮期应停割 1～2 周，同时增施速效肥料；低温期要严格贯彻"一浅四不割"的原则。

154. 为什么橡胶树的有效叶片多，产胶也多？

答：橡胶合成的基本原料，是利用叶绿素在光合作用下的产物——糖。叶片越多越大越厚，叶片中的叶绿素也就越多，光合作用将无机养分制造成有机养分的加工能力就越大，在阳光、水、肥充足的条件下，制造的糖就越多。据报道，三碳作物每平方分米的叶面积平均每小时同化的二氧化碳（CO_2）有 15～20 毫克；四碳作物每平方分米的叶面积平均每小时能同化 30～40 毫克二氧化碳。坦普尔顿 1969 年说："大戟科植物的特殊之处是它既有三碳作物，也有四碳作物，幸好属内的种间杂交不困难。"由此推论，他说的巴西橡胶树似乎是三碳作物。橡胶树叶片的面积与同化能力是呈正比的，叶片多，叶面积大，制造合成橡胶的原料的能力就强，因而产量也会高。这也就是为什么第一蓬叶生长得好坏，将左右全年 70% 产量的缘故。

所以，一定要在抽叶前后加强水肥供给，加强胶叶病害的防治，适当推迟或减轻抽叶期间的割胶强度等，使胶叶生长好，为全年的高产稳产打下基础。

155. 怎样才能"保一促二"？

答："保一"是指保证第一蓬叶生长好，"促二"是指促进第二蓬叶生长。

要做到"保一促二"，必须做到：

①冬季割胶实行"一浅四不割"。

②搞好冬管，用产胶动态分析指导割胶。

③早停割，一株树有零星叶子转黄时就可以停割，或拿到当年计划产量后及时停割。

④抽叶期注意防治叶病。

⑤每年开割时要稳得住，等第一蓬叶老化的植株达 80% 以上才开割，开始割胶时要浅割。

⑥第二蓬叶抽芽前适当施氮肥，抽叶期间适当浅割。

156. 开割橡胶树什么时期需肥?

答：橡胶树在每年 3～4 月抽生第一蓬叶，开放春花，需要大量的养分。这时期的抽叶量占全年抽叶量的 60%～70%，叶片中的氮、磷、钾含量在全年中也以这个时期最高。第一蓬叶抽生得好坏，对全年的生长和产胶重大，必须保证第一蓬叶抽好。6～7 月在第二蓬叶抽完后，橡胶树逐步进入全年的高产期，同时茎粗增长显著。据测定，7～10 月茎粗增长量占年增长量的 60%～70%，因此，7～10 月橡胶树需要养分也较多。10 月后气温逐渐下降，橡胶树生长减慢，逐步进入越冬期。叶片中的养分含量逐渐下降，到落叶时达到全年的最低点。

157. 开割胶树何时施肥?

答：开割胶树 1～3 月为越冬换叶期，地上部分生长和根系活动基本停止；3～4 月开始抽芽，根系开始活动；5～11 月是全年树围生长和产胶的旺季，6～7 月第二蓬叶稳定，8 月中旬至 9 月上旬抽第三蓬叶，12 月后叶片衰老黄化，开始了落叶前的养分转移，故此，施肥时期应与需肥时期相对应。有机肥、迟效肥料或不易流失的磷肥可以在换叶期的冬春林管时一次施下，而速效的氮、钾肥，特别是尿素，宜在橡胶树根系活动和吸收最活跃的时期，一般在 3 次抽叶初期分次施下。

橡胶树第一次施肥在冬春季，结合维修梯田、挖水肥沟、林地管理施有机肥和磷肥及钾肥。早春，橡胶树抽叶前施下全年氮肥量的 50% 和全部镁肥。

橡胶树第二次施肥在抽第二蓬叶前（6 月左右），追施氮肥一次，寒害来得较早的地区再施下全年氮肥量的 50%，其他地区为 30%。

橡胶树第三次施肥在抽第三蓬叶前（9 月），寒潮来得较迟的地区施下其余 20% 的氮肥，在 9～10 月施钾肥。

配方肥料由于各种化肥已经混合，一般宜在生长旺期一次或两次施下。

158. 开割胶树施肥量多少?

答：(1) 开割胶树需肥量 橡胶树开割后，植株体内一部分养分用于生长；一部分养分用于抽叶、开花、结果；一部分养分用于产胶，橡胶树落叶还土，可大部分归还土壤。这样，一般每株橡胶树每年需要补充的养分，相当于尿素 0.81 千克，过磷酸钙 0.25 千克，氯化钾 0.8 千克左右。

刺激割胶后胶乳增产率为 10%～15%，随胶乳排出的养分消耗则增加 20%～30%，故此，刺激割胶需要增施肥料。

(2) 施肥参考量 开割橡胶树主要施用有机肥和化学肥料，施肥参考量按中华人民共和国农业行业标准 NY/T 221—2006《橡胶树栽培技术规程》执行，开割橡胶树施肥参考量见表 7。

表 7　开割胶树施肥参考量

肥料种类	施肥量〔千克/（株·年）〕	说　　明
优质有机肥	25 以上	以腐熟垫栏肥计
尿素	0.68～0.91	
过磷酸钙	0.4～0.5	
氯化钾	0.2～0.3	缺钾或重寒害地区用
硫酸镁	0.15～0.2	缺镁地区用

注：使用其他化肥时，按表 7 中品种养分含量折算用量。

159. 怎样进行看树挖潜?

答： 根据胶树产胶潜力年变化规律，割胶树通常一年中有两个时期有产量潜力可挖，采取措施可挖掘橡胶树的潜力。时期如下：

①第一蓬叶完全老化至第二蓬叶萌动前一个月左右。

②第二蓬叶稳定后至低温前。

在这两个时期可看准好天气，采取临时性刺激的方法进行适当挖潜。

160. 如何挖潜?

答:(1) **夏、秋季节实行天亮前割胶** 天亮前气候凉爽、蒸发小,胶树体内水分多,乳管内膨压大,有利于排胶。试验表明:夏、秋季节分别在 3:00、6:00、9:00 割胶的,其产量分别为100%、96.1%、71.4%;3:00 比 9:00 割胶增产 28.6%。

(2) **阴阳刀轮换割胶** 阴阳刀轮换割胶可扩大排胶影响面,加大排胶量;双刀割胶胶刀比较锋利,行刀轻快,减少了行刀时对乳管切口的压挤,有利于排胶。全年实行"双刀上阵,定点换刀",可增产 10%~13%。

(3) **调节割胶路线** 天热或吹干风时,先割高产片后割中产片,最后割低产片;正常天气,先割中产片,后割高产片,最后割低产片;低温季节也可先割低产片,后割高产片,最后割中产片,这样既有利于调节不同树类的排胶时间,发挥产胶潜力,也有利于养树。根据天气变换胶路,可增产 5%~8%。

(4) **采用新割制** 采用新割制,实行增肥、减刀和刺激割胶,对中龄以上的橡胶树做到增肥、减刀,施用合理浓度的乙烯利刺激,以达到增产、省工、省皮、降低成本等高产稳产的目的。但增肥不落实,减刀无保证的情况下,不宜采用刺激割胶,否则将导致死皮剧增,产量减少。据 1976 年调查,不施刺激、一般刺激、强刺激的死皮率,分别为 17.9%、24.8%和 41.7%。

161. 橡胶树加刀强割为什么得不偿失?

答:加刀强割的必然结果:

(1) **减产费工** 为使橡胶树高产、稳产,绝不能采用加刀强割的办法。加刀强割主要是违反了橡胶树的产胶规律。胶乳中的各种成分要恢复到割胶前原来的水平,生成胶乳的营养物质供应正常的情况下,一般需要 24 小时甚至更长的时间。因此,一般正常割胶是割一刀隔一天的隔日割胶制。加刀强割的胶水多,干胶少,用工多,收入少。刚开割的幼树,器官组织形成更加需要营养物质,如

2 天割一刀，干胶含量一般较低，容易死皮，更不能加刀强割，而前两割年应采用 3 天割一次，对以后橡胶树的增长增产和减少死皮都有利。

（2）耗皮死皮 加刀强割耗皮多，再生皮少；死皮多，干含少；长期加刀强割，实际上是杀树割胶，缩短橡胶树寿命，减少经济收益期。1971—1973 年，国营大丰农场使用 1963 年种植的 PR107 作不同割胶强度试验，结果表明，3 天割 2 刀比 2 天割 1 刀的干胶产量少 11.1％，干胶含量少 5.6％，死皮率增加 8.7％，树皮消耗多 17.7％，用工多 21.3％。

162. "一浅四不割" 指什么?

答：（1）一浅 即在叶蓬稳定前、高温高产季节、干旱及风大的天气以及高产树要浅割，割胶深度离形成层 1.5～1.8 毫米。

（2）四不割 即气温低于 15℃时不割；第一蓬叶不稳定不割；雨后树干不干不割；严重受灾、有病害的树及死皮树不割。在易发生条溃疡病的林段割线在 40 厘米以下不割，但可转为高割线割胶。

163. 为什么冬季要实行 "一浅四不割"?

答： 冬季 "一浅四不割" 的实行，是保证橡胶树长期高产稳产的有效措施。入冬以后，橡胶树的生理机能减弱，养料的制造和胶乳的合成也相应地减少。冬季要适当浅割，即割离木质部 1.5 毫米左右。橡胶树的光合作用在 15℃ 以下时大为减弱，在 10℃ 以下时就完全停止。加上高湿低温的原因，有利于条溃疡病的发生蔓延，并造成排胶时间延长等，为避免产胶潜力和排胶强度的失调，减少死皮和割面病害的发生蔓延，要实行 "一浅四不割"。

164. 一天中什么时候割胶产量较高?

答： 在一天中，天亮前后割胶产量较高。这是因为天亮前后橡胶树经过隔天的恢复，乳管与邻近的薄壁细胞之间水势已经达到平衡，膨压已经达到最大，为 10～14 标准大气压，加上天亮前后温度较低，湿度较大，对排胶十分有利，因此在这个时候割胶能获得较高的产量。

165. 吊颈皮和接合区为何产胶量下降？

答：割胶割到吊颈皮和接合区时，由于这两个区域的乳管发育年龄与邻近树皮的不同，乳管之间连接不好使排胶影响面缩小，导致产量下降，通常下降 15% 左右。

166. 如何以干胶含量指导挖潜和休割？

答：（1）**挖潜和休割指标**　根据当地不同品系、不同树龄、不同季节的产胶变化规律确定当地的挖潜和休割指标。表 8 列出两个农场采用的指标，供参考使用。

表 8　挖潜和休割指标（干胶含量）

	挖潜指标	休割指标
一般情况	30%～32%	<25%
广东湛江团结农场	4～6 月>34% 7～9 月>30%	<27% <25%
海南西培农场	4～6 月≥33% 7～9 月>30% 10～12 月>28%	<28% <26% <24%

（2）**干胶含量指标**　一般干胶含量为 30% 左右，耐刺激割胶品种如 PR107、PB86、GT1 等年平均干胶含量 27% 以上；不耐刺激割胶品种如 RRIM600 等干胶含量 25% 以上。当干胶含量 9 月以前低于 28%，10 月以后低于 26%，则应降低割胶频率，如改 3 天割一次为 4 天或 5 天割一次。

167. 防病割胶有哪些措施？

答：全面搞好"管、养、割"是防治橡胶树死皮的根本措施。实践证明，在加强橡胶树的施肥管理、提高橡胶树产胶能力的基础上，选用适宜的割胶制度，掌握"三看"割胶，合理调节产胶能力和排胶量之间的相对平衡，不仅能获得高产，还可以有效地控制死皮的发生，使橡胶树稳产。

对待橡胶树割线（面）干涸和褐皮病，应以防为主，综合防治，务使其发病率控制在最低范围内，当年新增 4 级以上死皮率小于 0.5%。

防病割胶的主要措施是：

（1）合理调控刺激强度和采胶强度 橡胶树产胶与排胶反馈系统的动态平衡是可控的，因而割线（面）干涸和褐皮病也是可控的。严格掌握"三看"割胶（即看天气、看物候、看树情割胶），这是预防该病发生的有效办法。在割胶生产中，一旦发现橡胶树出现排胶反常现象，如水胶分离、局部干涸、产量剧变等，都应短期休割或停停割割。对于采用刺激割胶制度的橡胶树，若能严格采取一系列保护性调控措施，割线（面）干涸及褐皮病的发生率都可比常规割制明显降低。

合理调控刺激强度和采胶强度的措施为：

①控制增产幅度：一般增产幅度控制在 ±10%。

②减少割胶刀数：一般比常规割制减少割胶刀数 45%～50%。

③适当刺激：一般刺激浓度低于 5%。

④控制干胶含量下降：晚熟品系（如 PR107）干胶含量控制在 27% 以上，早熟品系（如 RRIM600）干胶含量控制在 25% 以上。

⑤实行浅割：控制割胶深度在离木质部 0.2 厘米以上。

⑥按产胶潜力安排刺激强度和割胶强度：可按树体的年变化状况，合理安排一年不同时期的刺激强度和割胶强度。

⑦增施肥料：多施肥料尤其要增施钾肥。

实践证明，这些措施对减少割线干涸病行之有效。

（2）及时处理病灶，恢复采胶 对于病情严重的割线干涸树，应积极采取措施，及时处理病灶，以期早日恢复产胶。

目前我国常见的病灶处理及恢复采胶技术主要有：

①转换割面：通常低部位割线发现 3 级以上割线干涸树，即转换到高部位树皮采胶，采用短线低频阴刀割胶，如 S/4↑ d/4。

②隔离病灶，阴刀横刺：查明病灶范围，然后在靠近病区边缘的健康皮上，按原割线的走向，用胶刀开平行双沟，双沟间隔 2.0～2.5 厘米，用芽接刀将双沟之间的树皮挑出剥除。6～10 天后，待隔离沟转青，在隔离沟上涂施复方抗生素糊剂。之后，在麻面上沿上方 2～3 厘米处的健康皮上黏制流胶槽，开 S/2 阴刀，在阴刀割线上刮皮 0.5～0.8 厘米（见青皮为止），施 2‰～3‰乙烯利糊剂，采用 3～5PG（S/2↑）d/3（4：3）21d/30 制度采胶（PG 为针刺横刺），即在半树围阴刀割线上方的刮皮带上针刺 3～5 孔（视树围大小而定，一般每间隔 8～10 厘米针刺 1 孔）。针刺 4 次后，接着按 d/3，割 3 刀阴刀，以消除针孔痕迹。采胶 21 天（即 7 采次）后，休采 9 天，每月为一周期，年采 6～7 周期。

③刨除病灶，纵带直刺：用刨刀刨除病皮，在病灶处理面上涂上复方微量元素，在上下垂线各钻一孔，同时施入复方微量元素，然后在高部位健康皮上垂直刮出 30 厘米长、2 厘米宽的涂药带，涂上 5‰乙烯利乳剂，采用 3PI（30 厘米，PI 为针刺纵刺）d/3＋5‰ET 制度采胶，即在垂直涂药带上每间隔 10 厘米针刺 7 孔，新孔与老孔间隔 1 厘米，3 天针刺一次，每次刺 3 针，针刺 6～7 次后休刺一周。然后在旧涂药带逆时针方向，接着刮新的涂药带，继续进行第二周期采胶。每年 5～10 月割胶，年总割次控制在 35～45 次。

④涂防病药剂：割线和割线上方 2 厘米宽的割面涂防病药剂；或用刨刀刨除病皮并涂药。即在高部位健康皮上垂直刮出 30 厘米长、2 厘米宽的涂药带，涂上复方微量元素或防死皮病的药物。

(3) 落实"一浅四不割" 在整个割胶生产中贯穿"一浅四不割"。

168. 死皮病有什么症状?

答：死皮病是指橡胶树乳管丧失产胶功能所表现的割胶时割线

全部或局部不能排胶的症状。橡胶树死皮病有褐皮病死皮和非褐皮病死皮两大类。

褐皮病死皮的特点是病部有褐斑。褐斑又有外褐斑型、内褐斑型和稳定型褐皮3种。外褐斑型和内褐斑型的特征是初期排胶快、水囊皮变褐色、水渍状，继而乳管由内往外枯死，水囊皮与黄皮均有褐斑。稳定型褐皮的特征是褐斑后期不再发展，病灶稳定，界线清楚，死皮最后干枯脱落，新生皮无褐斑，恢复排胶能力。

非褐皮病死皮分两类：

①轻度营养亏缺型死皮：民营橡胶园比较多见，主要是由于强度割胶、排胶过度引起。特征是发病初期出现长流胶，水与胶分离或胶乳反常变稠，此后割线局部不排胶，树皮变成暗褐色。

②运输障碍型局部死皮：特征是排胶线由外往内缩，深割时水囊皮有胶，粗看树皮色泽正常，细看可见近水囊皮处有一条暗红线，病情严重时会往下扩展。

169. 橡胶树死皮病防治有何措施？

答：（1）防治橡胶树死皮病的技术措施

①处理好管、养、割三者的关系。尤其是要实行科学割胶、降低割胶强度，做到割胶与养树相结合，避免强割胶和雨水冲胶，并及时处理根病、木龟、木瘤。预防风害和寒害伤皮，还要增施肥料，氮、磷、钾相配合，促进橡胶树正常生长。

②对于那些运输障碍的局部死皮，要适当浅割和割厚皮、割掉吊颈皮，使橡胶树迅速恢复正常排胶。

（2）防治褐皮病死皮

①对中、轻褐皮病死皮可用0.1％四环素或者青霉素每株注射2升。

②对严重褐皮病死皮，应进行手术处理。处理方法一般分为3种：

a. 刨皮法：即选择晴天用弯刀刨去病部粗皮，然后用鸟刨刨至砂皮内层，为了使未刨净的病斑自行脱落，可用0.5％硼酸涂抹伤口，几天后要及时拔除凝胶以防积水。

b. 剥皮法：即在离病灶四周 5～7 厘米处，用胶刀开一条水线，深度到水囊皮，然后用尖刀把病皮自形成层以外剥掉，但不可碰伤形成层，长出新皮后就可恢复割胶。注意的是：此方法宜在 4～7 月选择晴天进行，树皮才易恢复。

c. 开隔离沟法：目的是防止病部扩大。具体方法是：在病部和健部处，从健部下刀，用利刀开一条沟，使病部和健部隔离，避免病情扩散。

170. 哪些因素可能引起橡胶树死皮?

答：（1）因排胶过度造成营养亏缺引起橡胶树死皮 据测定，病树树皮中蛋白质和氮的含量比健康树皮的低，糖的含量则差异不大。死皮树 80% 是由排胶过度引起的。

（2）非排胶过度引起橡胶树死皮 橡胶树受伤后加上不适宜的水湿条件，死皮发生率更高。非排胶过度引起的死皮占 20%，主要有雨水冲胶引起的死皮、根病引起的死皮、根部皮层坏死引起的死皮、木龟引起的死皮、伤害引起的死皮、运输障碍引起的死皮。有 50% 的风斜树发生死皮。

171. 死皮病分为几个时期?

答：死皮病分为如下 5 个时期：

（1）**前兆期** 排胶反常，产量骤增或猛降，胶乳长流变稀，水胶分离似豆腐花，排胶无力，排胶线内缩。出现这种情况应及时采用停停割割和适当增施氮、磷、钾速效肥料等措施。

（2）**扩展期** 在割线中下段出现"死口"（局部不排胶），并慢慢地向两侧和下方扩展。此时应停割一周左右，并增施适量的氮、磷、钾速效肥。

（3）**干皮期** 习惯上称为割线干涸。局部或全部停止排胶，但未出现病斑，此时仍有恢复的可能。应停割两周左右，同时增施氮、磷、钾速效肥料；也可将钼酸铵、硼砂、硫酸锰、硫酸镁各

0.5 克混合，用塑料管装好，然后在橡胶树基部三角皮处钻孔把药塞入，用橡皮泥封口进行治疗。

(4) 死皮期 已出现明显的斑点、斑块，就是通常所说的褐皮病。此时应进行处理。处理前应首先查清死皮的范围，并在 4~10 月的晴天进行。处理时先用弯刀刨去粗皮，然后再用刨刀刨至砂皮内层，最后用 0.5％硼酸涂抹处理面，使未刮净的病斑自行脱落。处理几天后应拔除凝胶以防积水。

(5) 木龟期 由于外层死皮部分未及时除去，内层一部分薄壁细胞恢复分生能力，在树皮里向外分化树皮，向内分化木质部，这些木质组织，被夹在外层新生树皮和内层原形成层分化的树皮中间，并随着薄壁细胞的进一步分生而逐渐增大，形状似龟，故称为木龟。它严重地影响橡胶树的生长和产胶，应及时除去，修整树皮，并用医用凡士林涂抹经修整的树皮边缘，以促进树皮生长。

172. 死皮病的分级标准是什么？

答：为了防治死皮病，对每个割胶树位每年至少应调查一次。调查时间可在开割初期，或在高产季节，或在冬季停割之前。调查时由一名辅导员或植保员跟随割胶工对每一株橡胶树进行观察记录。橡胶树死皮病的分级标准见表 9。

表 9　橡胶树死皮病的分级标准

级别	分级标准
0	无病
1	死皮长度在 2 厘米以下
2	死皮长度为 2 厘米至割线的 1/4
3	死皮长度为割线的 1/4~2/4
4	死皮长度为割线的 2/4~3/4
5	死皮长度为割线的 3/4 至全线

173. 死皮率指什么？

答：死皮率是指出现死皮株数占调查总株数（或割线死皮长度

占所调查割线总长度）的百分比。当年新增 4 级以上死皮率应不超过 0.5%。

当死皮率为 10% 时，产量损失可达 4% 左右。

174. 死皮发病率怎样计算?

答：死皮发病率和发病指数计算方法如下：

$$死皮发病率 = \frac{发病株数}{调查总株数} \times 100\%$$

$$死皮发病指数 = \frac{\sum (各病级值 \times 该级别株数)}{最高病级值 \times 调查总株数} \times 100$$

175. 条溃疡病有什么症状?

答：该病是由疫霉菌属的多种疫霉菌引起的，初期症状是在新割口上出现暗黑色的短纹或斑点，或在新割面上出现竖立的淡黑色线纹，少者一条至数条，多者数十条，线纹与地面垂直，彼此平行排列，深及木质部，在相应部位有黑纹。线纹病痕向两侧扩展，融合成条状病斑，染病部位坏死，针刺无胶乳流出，线纹病痕和条斑继续扩展，融合形成块斑。在低温阴雨的潮湿天气，病斑向左右两侧和割线上下迅速扩展，尤其向割面上方，甚至向原生皮扩展，形成水湿状不规则形块斑，常有泪状流胶或铁锈色液体渗出。在连续潮湿天气，病斑表面长出一层纤细的白霉，天气转晴时白霉干缩或消褪。在大块斑病皮上常有小蠹虫蛀食，留下虫孔和木屑。条斑或块斑病皮内面的坏死面积比表面大，有时在老割面或原生皮上出现皮层隆起、爆裂和溢胶等现象，手触稍有弹性，刮去粗皮可见黑褐色病斑，边缘水湿状，皮层与木质部之间夹有凝胶块，胶块下的木材部表面也呈黑褐色。

176. 割面条溃疡病病斑的类型有哪些?

答：条溃疡病病初发生时，在新割面上出现一条至数十条竖立的黑线，呈栅栏状，病痕深达皮层内部以至木质部。黑线可汇成条状病斑，病部表层坏死，根据病害侵染强度和天气条件可把病斑分成 3 个类型。

（1）急性扩展型 刮去粗皮，病斑边缘全部或局部暗色，边界不明显，病斑水渍状，病皮发出发酵的酸臭味。这类病斑扩展最快。

（2）慢性扩展型 刮去粗皮看到病部与健康树皮界限明显，整个病斑被黑色线纹包围。这类病斑扩展缓慢。

（3）稳定型 整个病斑干缩下陷，周围开始长出愈伤组织，这类病斑已基本停止扩展。

177. 割面条溃疡病怎样侵染?

答：（1）侵染源 疫霉菌既能侵染橡胶树地上部分，如割面、树干原生皮、胶果、叶和嫩枝等，又能侵染其他多种植物，还能在土壤中存活相当长的一段时间，因此条溃疡病的侵染源很广泛。新开割的橡胶树，其侵染菌源主要是含菌土壤和其他染病植物；开割多年的橡胶树，其菌源除含菌土壤、其他染病植物外，还有割面上的老病灶。如果橡胶树树冠受到侵害，其病叶、病果和病枝也是重要的侵染源。每年冬季停割后，病菌可在土中的病组织内潜伏，翌年割胶时，在雨天、低温情况下，产生新的孢子囊，成为初侵染源。

（2）传播 病菌主要靠雨水传播。雨水将携带病菌的土粒溅泼到新割口上，这是主要的传播方式，割线越低病情越重。在树冠部分染病的林段，雨水的飘泼、流动和滴溅将病果、病枝、病叶上的病菌孢子囊和游动孢子带到新割口上侵染危害。雨天的潮湿气流也可携带病菌作近距离传播。根据田间病株分布和胶工割胶路线调查，以及病斑表面的产菌情况和胶刀传病试验，认为胶刀传病的可能性较小，除非天气连续潮湿、病斑表面产生白霉（病菌的菌丝和孢子囊），此时在病树割面割胶，胶刀才可能带菌传病，但只限于 1～2 株。

（3）侵染途径 病菌主要通过伤口侵入。试验证明，橡胶树树干的木栓层一经破损，病菌就能入侵。在树干上钉胶杯架、胶舌、受到农具的碰撞以及风、寒、雷电等造成的伤口，都能为此菌提供入侵途径。但是，最大量和最经常的入侵途径是割胶作业造成的刀痕、伤痕。据测验，割胶5天内的新刀痕仍可能感病，48小时内的刀痕最易受被侵染。降落在割口上的孢子囊和游动孢子在有水膜的条件下伸出芽管，侵入树皮，在形成层及附近组织内繁殖、蔓延，建立寄生关系，潜育期36～48小时。

178. 割面条溃疡病怎样分级？

答：橡胶树割面条溃疡病分级指标见表10。

表10　橡胶树割面条溃疡病分级指标

级别	分级标准
0	无病
1	病斑总宽度小于2厘米
2	病斑总宽度占割线长度的1/4以下
3	病斑总宽度占割线长度的1/2以下
4	病斑总宽度占割线长度的3/4以下
5	病斑总宽度占割线长度的3/4直至全线溃烂

179. 如何防治割面条溃疡病？

答：由于土壤和染病胶果等是条溃疡病的主要侵染源，通过橡胶树的新割刀口侵染是主要的途径，重病树的形成以大量侵染、随即迅速扩展为主要方式，秋冬季连续降雨是扩展性侵染的主要气象条件。因此，在人力不可能消灭所有菌源，也不能改变气象条件的情况下，应根据制约本病发生流行的各种因素，制订防治策略。具体措施应为以防病割胶为主、农药防治和林管为辅的综合防治措施。

（1）防病割胶　主要是坚持"一浅四不割"。包括：

①加强橡胶园抚管。病害流行期前应疏通林带下的藤蔓、灌木、斩低林段内的灌木、杂草，修剪橡胶树下垂枝条，以降低林间

湿度。

②应在病害流行季节前做好转线割胶的准备工作。海南9月、云南8月要停止在低割线上割胶。涂施乙烯利既能刺激增产，又能提高割面树皮对条溃疡病的抗性。使用乙烯利后减少割胶刀次也是有效的防病措施。

③海南秋冬季、云南雨季要执行树身不干不割胶的规定。低温阴雨天气或8：00气温仍低于15℃应临时休割。

④割口出现黑纹病痕密集或有小病斑的病树应休割并加强施药，待病痕干缩后在晴天复割。

⑤在发生季风性落叶病或多雨地区，应在割线上方安装油毡防雨帽。这既可阻隔从树冠上流下的含菌雨水到达新割口，又能保持帽下的树干干燥从而增加割胶刀次。

(2) 农药防治 应根据天气、病情、品系感病性等科学施药。在病害流行期，一般是每割1～2刀就用含有效成分0.1％～0.2％瑞毒霉或1％～2％乙膦铝水剂涂施新割口1次；或用0.4％瑞毒霉或7％乙膦铝缓释剂10天涂施1次。上述药剂应交替使用，以免病菌产生抗药性。对黑纹病痕密集或有1厘米以上扩展型条斑的病树，应及时用1％瑞毒霉或10％乙膦铝水剂连续涂施2～3次。涂药前要刮去病部及周围的粗皮，以利药液渗入，控制病斑的扩展。国外还推荐用0.8％敌菌丹加上黏着剂和黄色氧化铁，每周涂施3次。

180. 防雨帽有什么作用？

答：**(1) 防条溃疡病** 条溃疡病发生流行的主要条件是树身潮湿，而戴帽可在中、小雨时保持树身干而不湿，降低条溃疡病发生流行的概率，起到防病作用。

(2) 减少死皮树 导致死皮的重要原因之一是割胶强度大，伤树严重，而戴帽可减少不必要的加刀、连刀，也就相对降低了单位时间内的割胶强度从而降低死皮树出现的概率。

(3) 增加有效刀次 增加割胶有效刀次，减少雨水冲胶而提高经济效益。

戴帽后可减少雨水冲胶，同时全年可增割 10～15 刀，从而增加 14% 的产量。

181. 现用防雨帽有哪几种?

答：(1) 自制油毡型　油毡剪帽，柏油加柴油熔化为油膏。剪帽、装订较难，涂封油膏易干裂，不利于帽的长期使用。

用油毡制作的橡胶树防雨帽为圆形。根据需要，分为大号和小号。大号直径为 80～85 厘米，小号直径为 60～65 厘米。帽檐用直径 0.25～0.3 厘米的铁丝支撑。根据橡胶树茎围的大小，在圆心剪开领口，以便固定在橡胶树割线上方 30 厘米左右的部位。戴帽时，先在所固定的橡胶树部位涂一圈黏合剂，即可密封领口不漏水。黏合剂由沥青、石蜡、松香混合而成，配方比例为 4：0.8：0.2。

(2) 东风牌防雨帽　帽薄而脆，易裂易碎，使用期限短。

(3) 林曲牌防雨帽　帽较厚，内加金属材料，弯曲度大，韧性强。质量好，使用周期长，安装简单，且可废品回收，利于环保。

182. 防雨帽如何安装?

答：(1) 安装位置　在割线上方 8～10 厘米处用刮刀顺割线斜度刮去宽 2 厘米左右的粗皮，以平整不伤树为宜。

(2) 固定　将帽片在刮去粗皮的地方用订书机装上，每 3 厘米左右订一颗钉，以订牢不脱落为宜。

(3) 涂油膏　将油膏顺着刮去粗皮的帽缘均匀地涂封好，确保无渗漏。

(4) 悬坠　防雨帘则是选在前下水线处订牢，并在下端装上少量土石作悬坠。

五、刺激割胶

183. 刺激割胶制度包括哪些内容?

答: 橡胶树的刺激割胶制度,实际上是刺激制度与割胶制度的结合。刺激制度包括刺激剂有效成分浓度、施药剂量与方法、施药频率与周期。割胶制度则包括割线数、割线长度和割胶频率。前者属化学采胶方法,后者属机械切割方法。橡胶树施用乙烯利刺激割胶,就是化学采胶法和机械采胶法同时作用于橡胶树,促其大幅度提高排胶量的刺激技术。

中华人民共和国农业部发布的 NY/T 1088—2006《橡胶树割胶技术规程》中规定刺激割胶制度为:单阳线隔 2~4d 刺激割制:S/2 d/3~5+ET;双短线阴阳刀隔 2~4d 刺激割制:(S/4+S/4↑) d/3~5+ET;高低阴阳线轮换隔 2~4d 割刺激割制:(S/2,S/2↑) d/3~5 (m,m) +ET,(S/2,S/2) d/3~5 (4m,4m) +ET。

184. 新割胶制度的基本内容是什么?

答: 我国新割制实行化学调控和割胶调控,其基本内容包括:

(1) 刺激割胶新制度 S/2 d/3~4+ ET,(S/4↑+S/4)d/3~4+ET,(S/2,S/2↑) d/3~4 (m,m) +ET。

刺激割胶新制度控制增产率在 10%~15% 的前提下,要合理使用刺激剂的浓度、剂型、涂药次数、周期、周期内的割胶刀数以及涂药的时间等。

(2) 刺激浓度 耐割品系 PR107、GT1 等开割前 3 年用 0.5%～1%乙烯利刺激割胶，随着割龄的增长，刺激浓度也逐年提高，但最高不超过 3%；不耐刺激品系 RRIM600 等开割前 3 年不刺激，第 4～5 年用 0.5%乙烯利刺激，以后逐年提高浓度，但最高不超过 2%。若采用 d/4 割制，乙烯利浓度比 d/3 割制相同割龄增加 0.5 个百分点。

(3) 剂型 糊剂和水剂，以糊剂为主。

(4) 剂量 每株次涂稀释药剂 1.5～2.0 克，PR107 初产（第 1～5 割年）采用月周期，年涂 5～7 次；其余采用 d/3 割制的为半月周期，半月涂一次，年涂 10～14 次；采用 d/4 割制的每 11～12 天为一施药周期，年涂药 14～16 次。

(5) 刀数 减刀 30%～40%。这是乙烯利刺激割胶安全生产的关键。采用 d/3 割制，每周期 4～5 刀，年割 60～80 刀；采用 d/4 割制，每周期 3 刀，年割 50～60 刀。不能连刀、加刀，所缺涂药周期和割胶刀数可推后补齐，以达到所规定的全年总刀数为准。

(6) 浅割 一般割至离形成层 0.16～0.20 厘米处为宜。

(7) 增肥 比不刺激的橡胶树每年应增施有机肥 50 千克/株，并适当增施钾肥。

(8) 进行产胶动态分析，指导割胶 根据橡胶树的产胶规律，进行产胶动态分析，指导割胶，做到该多拿时应充分拿到手，该少拿时应少拿，不该拿时应及时休割。

185. 新割胶制度有何优点?

答：(1) 增产 新割胶制度较传统的割胶技术增产干胶10%～15%。

(2) 省工 由于减少了割胶刀数，节约割胶用工，割胶劳动生产率提高了 33%～150%。

(3) 省皮 减少树皮消耗，节省树皮 30%～40%，能充分发挥原生皮和第一次再生皮的高产潜力，延长橡胶树的经济寿命，达到长期高产稳产的目的。

（4）**降低生产成本** 与不刺激相比，每吨干胶成本减少 300～400 元。

（5）有利于控制条溃疡病的发生。

186. 新割胶制度要注意什么?

答：新割胶制度要注意：

①严禁加刀、补刀、连刀。全年最多刀数：3 天一刀不得超过 75 刀，4 天一刀为 60 刀，5 天一刀为 50 刀。

②严禁乱涂、多涂刺激药剂。

③严禁超深割胶。

④早上树干潮湿不要割胶。

⑤台风后，15～20 天内不能涂药。

⑥不能用铁桶、铁罐等盛装乙烯利药剂。

187. 刺激技术包括哪些内容?

答：刺激技术是指所采用的刺激剂及其浓度、剂型、剂量、刺激频率、刺激时间、刺激方法等。

188. 刺激剂是什么?

答：刺激剂是指能刺激橡胶树提高胶乳产量的化学药品。当前生产上广泛应用的是乙烯利。在割胶制度符号中用 ET 表示。

刺激剂剂型主要有糊剂和水剂，以糊剂为主。目前我国橡胶刺激剂主要采用复方乙烯利。复方乙烯利是在乙烯利中加入多种微量营养元素和化学添加剂的橡胶增产药剂。其特点是副作用小，性能稳定，药效持久。试验表明，施用 4％乙烯利刺激后，在年割胶刀数比对照减少 30％的情况下，各处理产量比对照都大幅度增加，干胶含量仍然保持较高水平。

189. 刺激剂施用剂量、频率和周期怎样?

答：稀释药剂每株次施用剂量 1.5～2.0 克。PR107 初产期

（即第 1~5 割年）采用月周期，年涂 5~7 次；其余采用 d/3 割制为半月周期，年涂 10~14 次；采用 d/4 割制，每 12 天为一涂药周期，年涂药 14~16 次；采用 d/5 割制，10 天为一施药周期，年涂药 16~18 次。

橡胶树的产胶潜力有一定限度，太强刺激或过度割胶或两者结合都将引起割面衰竭，产量下降。

190. 刺激剂如何施用？

答：刺激剂施药方法为：选择晴天涂药，涂药时，沿割线和割线上方新割面 2 厘米宽处均匀涂药。涂药 6 小时后遇暴雨冲刷，不用补涂；在 2 小时内遇暴雨冲刷，要补涂；在 2~6 小时内遇暴雨冲刷，可根据施药后第一刀的产量情况，适当缩短涂药周期。为获得高效刀产量，涂药后 24 小时内不得割胶。

191. 刺激剂效应怎样？

答：当刺激剂严格限制在不拔胶线的割线上和拔胶线的割线上，其产量效应都较差。而涂在新割面上，尽管不沾割线，药效都有所改善。实际上，吸收刺激剂最有效的部位是刚割胶不久的新割面，包括割线和割线上方刚割去的部位，因为这里刺激剂最容易接触到维管组织，并通过维管系统扩散与运转。试验表明，RRIM701 拔线沾割面的产量比不沾割面的高 19%，RRIM600 高12%；RRIM701 和 RRIM600 不拔线而沾割面的比不拔线不沾割面的高 30%。可见沾割面对提高药效起着重要的补强作用。

涂药后遭暴雨冲刷是影响乙烯利药效的重要因素。据试验，RRIM701 拔线施药与刮皮施药 2 小时和 4 小时后用水冲刷 5~10分钟，产量效应降低 20%~28%；RRIM600 刮皮施药 2 小时后用水冲刷，经 4 个月试验，产量效应降低 42%。因此，涂药后 4小时内遭雨水冲刷，应考虑重涂或缩短施药周期，以减少产量损失。

如 4 天 1 刀割制的树位，乙烯利的用法：12 天为 1 个施药周期，每株每次约要涂抹药量 2 克左右；每年 5～10 月为用药时间，海南南部地区可涂到 11 月；施药方法是选择晴天上午进行，在割口干爽的情况下，用毛刷在割线和新割面上涂刷药液；涂乙烯利 48 小时后就可以割胶，割胶深度为：PR107 要求 0.18 厘米以上，RRIM600 要求 0.20 厘米以上；割线斜度为阳线 25°～30°，阴线 40°～45°。不涂乙烯利和涂乙烯利的流胶相比：不涂乙烯利的橡胶树，割胶 2 小时左右后停止排胶，涂乙烯利的橡胶树，割胶 4 小时左右后停止排胶，单次的流胶量涂乙烯利的橡胶树要明显高于不涂乙烯利的橡胶树，总体产量涂乙烯利比不涂乙烯利要高出 15% 左右。

192. 乙烯利是什么?

答：乙烯利是一种植物生长调节物质，有刺激橡胶树增产的作用。市场上出售的乙烯利浓度一般为 40%，相对密度为 1.25；溶于水而不溶于油；具有强酸性，能腐蚀皮肤、衣服以及铁、铝等金属器皿；有轻微的毒性；遇碱或加热很快分解，在水溶液中当 pH 大于 4 时即分解放出乙烯。

193. 涂乙烯利的目的是什么?

答：涂乙烯利的目的是为了促进橡胶排胶，增加割胶产量。通过乙烯利刺激，改革橡胶园割胶制度，大幅度减少刀数，把省下来的工用于加强林段管理，增施肥料，以达到高产、稳产、降低成本的目的。但是在使用乙烯利的时候要严格控制用量，并严格按照规范的方法涂抹，否则会对橡胶树产生不好的影响。

橡胶树割胶由原来的每天割 1 刀到现在的 3 天或者 4 天割 1 刀，节约了树皮，为了使产量不受到影响，在割胶前要配合涂乙烯利。应合理使用刺激剂的浓度、剂型、涂药次数、周期、周期内的割胶刀数以及涂药的时间，增产率应控制在 10%～15%。在控制增产率 10%～15% 的前提下，适当增施钾肥和有机肥，比不刺激的每株树每年应增施有机肥 50 千克。

194. 乙烯利施药浓度为多少?

答:(1)实生树施药浓度 实生树施用 0.5% 乙烯利水剂已能产生明显的增产效应,浓度从 0.5% 至 6% 产量随之增加,两者呈显著的线性正相关。浓度超过 6%,副作用逐渐明显,比如干胶含量骤降、割面膨胀、爆皮流胶等。据此,推广应用中,一直采用低浓度(5% 以下)、低剂量(乙烯利 1.5~2.0 克/株)刺激。

(2)芽接树施药浓度 橡胶树对乙烯利产生生理效应的最少刺激量(即刺激阈值或刺激启动值)是很低的,中龄芽接树(PR107 或 RRIM600)在 0.05% 左右。芽接树每次每株施 5% 乙烯利 0.25 克糊剂已能产生显著的增产效应。0.05%~1.0% 为低效安全刺激范围,1%~5% 为高效安全刺激范围,6%~10% 为可忍受的生理负荷范围,10% 以上为超负荷的有害刺激浓度。

(3)刺激浓度规定 NY/T 221—2006《橡胶树栽培技术规程》规定的刺激浓度为:耐刺激的品种如 PR107、PB86、GT1 等,开割前 3 年可用 0.5%~1% 乙烯利刺激割胶,随着割龄的增长,刺激浓度可逐步提高,但最高不能超过 3%,不耐刺激的品种 RRIM600 等开割前 3 年不进行刺激割胶,第 4~5 年可用 0.5% 乙烯利刺激割胶,随着割龄的增长刺激浓度可逐步提高,但最高不能超过 2%。

(4)不同割龄施药浓度
开割后 1~5 年:乙烯利的浓度为 1.0%~2.0%。
开割后 6~10 年:乙烯利的浓度为 2.0%~2.5%。
开割后 11~15 年:乙烯利的浓度为 3.0%~3.5%。
开割后 16~20 年:乙烯利的浓度为 4.0%~4.5%。
开割后 20 年以上:乙烯利的浓度为 4.5%。

195. 乙烯利刺激为什么能增产?

答:橡胶树受到伤害(割胶也是一种机械伤害)以后会引起愈伤反应产生乙烯(内源乙烯)。乙烯有调动营养储备进行医治创伤、促进产胶和排胶的作用。乙烯利刺激后释放出来的乙烯（外源乙烯）能诱导橡胶树产生更强烈的类似愈伤反应，大量地动员营养储备，由于橡胶树实际上并未受到大的伤害，因此动员出来的营养物质主要用于产胶和排胶，从而能获得较大的增产。

196. 涂乙烯利后何时达最大增产率?

答：**（1）最大增产率** 橡胶树割面用乙烯利刺激，要得到较好效应，最少要刺激 2 小时，刺激后经 24 小时，达到最大增产率。马来西亚 Sivakumaran（1983）试验认为，橡胶树树皮用乙烯利刺激 5 分钟、10 分钟、30 分钟和 60 分钟，只能得到低水平的效应，即比对照产量高 10%～14%。

（2）重涂药 涂药后遭暴雨冲刷，是影响乙烯利药效的重要因素。据试验，RRIM701 拔线施药与刮皮施药 2 小时和 4 小时后用水冲刷 5～10 分钟，产量效应降低 20%～28%；RRIM600 刮皮施药 2 小时后用水冲刷，经 4 个月试验，产量效应降低 42%。因此，涂药后 4 小时内遭雨水冲刷，应考虑重涂或缩短施药周期，以减少产量损失。

197. 刺激割胶增产率如何计算?

答：**（1）相对增产率计算方法** 相对增产率是指处理后比处理前增加的产量占处理前产量的百分数。其计算公式如下：

$$相对增产率 = \frac{处理后产量 - 处理前产量}{处理前产量} \times 100\%$$

（2）实际增产率计算方法

实际增产率 = 处理区的相对增产率 - 对照区的相对增产率

（3）平均增产率计算方法

$$平均增产率 = \frac{几次重复的实际增产率之和}{重复次数}$$

198. 哪种剂型的乙烯利药效好?

答：糊剂药效好、产量高。施用乙烯利糊剂、水剂和乳剂，都有显著的增产效果。据试验，施用乙烯利第一年以乳剂的增产幅度最大，为对照的198.9%；其次是糊剂，为对照的193.5%；再其次是水剂，为对照的180.7%。随着刺激时间的延长，各剂型的增产效果发生不同的变化，3年累计表明，糊剂产量最高，其次是水剂或乳剂。

199. 乙烯利使用时应注意什么？

答：乙烯利使用时应注意随配随用，不与碱性物质混用，不用铁、铝器皿盛装，不要加热；乙烯利刺激割胶新制度是以乙烯利刺激为手段，以减刀、浅割、增肥和产胶动态分析为中心的割胶制度；乙烯利涂在树皮上，通过渗透和扩散进入橡胶树体内，渗透与扩散的速度与树皮状况有关，刮皮越深，渗透越快，药效越高，浅刮皮比不刮皮药效可提高10倍。但深刮皮易引起干皮，树皮变硬难割，一般浅刮至见青皮为止。

200. 刺激割胶为什么要增施肥料？

答：（1）**防止减产或死皮** 涂乙烯利以后橡胶树应该增施肥料。因为经乙烯利刺激后养分的流失也随之增多，胶乳中流出的氮、磷、钾、镁4种养分分别比不刺激的高63%、129%、88%和64%。如果刺激后不增肥，则不能满足橡胶树对营养的需要，因而会造成营养亏缺、减产或死皮。

（2）**保持橡胶树营养平衡** 乙烯利刺激割胶，会引起养分流失量增加，降低橡胶树的产胶潜力，这是通过改变胶乳组分含量而发生的。经乙烯利处理的橡胶树，其胶乳中的橡胶组分明显减少，非胶组分增高，养分流失增加的比例大于产量增加的比例。据初步估计，乙烯利刺激干胶增产率为10%～15%，随胶乳排出的养分消耗则增加20%～30%。

201. 刺激割胶为什么要进行产胶动态分析？

答：（1）**刺激后应当用产胶动态分析来指导割胶生产** 因为刺

激后橡胶树的产胶和排胶规律与常规割胶相比有很大的不同，因此它需要采取比常规割胶更加多的产胶动态分析措施来调节产胶与排胶的矛盾，做到充分利用高效刀，减少低效刀，消灭有害刀，使橡胶树产胶和排胶保持动态平衡，达到高产、稳产、安全、低成本的目的。

（2）利用产胶动态分析来指导刺激割胶

①灵活安排刺激的时间，避开抽叶期施药。

②根据干胶含量和物候期的变化，灵活采用不同的施药浓度和割胶频率。

③利用刺激的手段和合理的割胶安排充分发挥高效刀，减少低效刀。看准好天气割好刺激后的前几刀。9月以前干含低于28％、10月以后干含低于26％时应降低割胶频率，没把握的天气则不割胶。

202. 乙烯利对产胶量有何影响？

答：割胶树施用乙烯利后，当乙烯利进入橡胶树体内，会立即产生大量的乙烯，诱导橡胶树产生类似上述的愈伤反应，使橡胶树动员大量储备，大量吸收水分和养料，活化的糖分、水分和其他养分均大量运往乳管系统，形成一个大幅度增产高峰，产胶量明显增多，随后因原料迅速消耗，产胶量又逐渐回落。测定表明，施用乙烯利后割胶树树干的树皮和木质部中淀粉含量均大幅度下降，而胶乳中的糖含量则相对提高。乙烯利促进了水分、糖类等光合产物向胶乳的运输，使橡胶树产生了短暂的增产小高峰。

203. 乙烯利刺激有什么副作用？

答：（1）过度长流　乙烯利刺激割胶的副作用是胶乳长流时间达5~24小时，长流胶占总产量的15％~30％。

（2）水囊皮畸变，排胶线内缩　水囊皮内一般变薄，有时出现石细胞，筛管功能衰退。使用乳剂内缩率一般达30％左右，水剂20％左右，严重的可达50％。

(3) 养分过分流失，干胶含量下降　乙烯利刺激割胶增加产胶量，但养分过分流失会导致胶乳干胶含量下降，一般下降 2%～4%，也有的下降 6%。因此，橡胶树刺激割胶每增加 1 千克干胶则应补充 0.1 千克硫酸铵、0.2 千克过磷酸钙、0.05 千克硫酸钾，以满足橡胶树生长和产胶的需要。

(4) 抑制树干的生长　幼龄树至中龄树，茎粗比对照减少 20%～30%。

204. 怎样减少乙烯利的副作用？

答：为了减少乙烯利的副作用，必须严格执行如下措施：

①落实减刀、浅割、增肥措施，增产率严格控制在 10%～15%。

②乙烯利刺激的剂型应以水剂为主，采用低浓度（1%～4%）、短周期进行刺激，严格控制施药量和施药次数。

③运用产胶动态分析指导割胶生产，做到科学割胶。

205. 影响乙烯利药效的因素有哪些？

答：**(1) 施药量**　试验表明，施药量、次数、面积等因素，都会影响施药效果。

(2) 施药浓度　橡胶树对乙烯利产生生理效应的最少刺激量是很低的，中龄芽接树（如 PR107 或 RRIM600）在 0.05%左右，中、老龄实生树在 0.5%左右。芽接树每次每株施 5%乙烯利 0.25 克糊剂已能产生显著的增产效应。0.05%～1.0%为低效安全刺激范围，1%～5%为高效安全刺激范围，6%～10%为可忍受的生理负荷范围，10%以上为超负荷的有害刺激浓度。

(3) 刺激时间　马来西亚 Sivakumaran（1983）试验认为，橡胶树树皮用乙烯利刺激 5 分钟、10 分钟、30 分钟和 60 分钟，只能得到低水平的效应，即比对照产量高 10%～14%。要得到较好效应，最少要刺激 2 小时，刺激后经 24 小时，达到最大增产率。

(4) 涂药方法　当刺激剂严格限制在不拔胶线的割线上和拔胶线的割线上，其产量效应都是较差的。而涂在新割面上，尽管不沾割线，药效都有所改善。实际上，吸收刺激剂最有效的部位是刚割胶不久的新割面，包括割线和割线上方刚割去的部位，因为这里刺激剂最容易接触到维管组织，并通过维管系统扩散与运转。试验表明，RRIM701拔线沾割面的产量比不沾割面的高19%，RRIM600高12%；RRIM701和RRIM600不拔线而沾割面的比不拔线不沾割面的高30%。可见沾割面对提高药效起着重要的补强作用。

(5) 载体 1971年，我国首次发现乙烯利水剂直接施于割线上，刺激效果甚佳。1972年，又发现乙烯利乳剂的药效比水剂或油剂都好。当棕油与乳化剂混合后，再加入乙烯利搅拌，便形成均匀稳定的药剂，乙烯利水溶液与棕油不会分离，施用时安全简便。1976年，经过大规模筛选，进一步发现糊剂是很有应用价值的新剂型，它的刺激效应适中，材料便宜，配制方便，施药时因有黏性，不易挥发，不易流失，显然比水剂为优。

近年来，经过筛选，发现几种高分子聚合物能耐强酸、强碱、耐摩擦搅拌，久放保持稳定不分层，黏着力极强，易溶于水，是配制乙烯利的理想载体。用高分子聚合物配制乙烯利，比水或淀粉配制的药效高15%以上，而且可以在新割面上形成薄膜，有利于减少雨水冲刷和防止低温期溃疡病的发生。

206. 乙烯利如何配制和使用？

答：(1) 配药计算 目前生产上使用的乙烯利剂型多为水剂，浓度为1%～4%，橡胶园每个树位250～300株的用药量为0.5～0.6千克。现以水剂为例，说明配药的计算方法。

现有10个树位，要配浓度为2%的水剂10千克，求需浓度为40%的原药多少千克？清水多少千克？

解：

$$原药需要量 = \frac{需配药量 \times 使用浓度}{原药浓度}$$

$$= \frac{10 千克 \times 2\%}{40\%}$$

$$= 0.5 千克$$

清水需要量＝需配药量－原药需要量
＝10 千克－0.5 千克
＝9.5 千克

（2）药剂的配制　水剂是把称好的原药加到清水中去，然后充分搅拌即成。

（3）水剂的使用方法　使用水剂不用刮去树皮，直接用刷子把配好的药液涂在已拔除胶线的割线上和割线上方约 2 厘米宽的新割面上即可。但须注意，药剂要随配随用，边涂边搅拌，同时保证每株树有足够的药量。一般来回涂擦 2～3 次至起泡沫为宜。

207. 刺激割胶刀数多少？

答：（1）d/3 刺激割制　采用 d/3 刺激割制，每周期割 4～5 刀，年割 60～80 刀。

（2）d/4 刺激割制　采用 d/4 刺激割制，每周期割 3 刀，年割 50～60 刀。

（3）d/5 刺激割制　采用 d/5 刺激割制，每周期割 2 刀，年割 50 刀。

刺激割胶不能连刀、加刀，所缺涂药周期和割胶刀数可推后补齐，以达到所规定的全年割胶刀数为准。

要使刺激后保持一定的增产幅度，在一个刺激割胶制度确定之后，其割胶强度和年割刀数随不同的气候、物候而变化；换言之，年割刀数是调整年增产幅度的关键。

208. 刺激割胶为什么要减刀？

答：（1）减刀可防止橡胶树严重死皮　乙烯利刺激后应当减刀 30%～40%，因为涂药后增产的幅度已经很大，应该用减刀来控制增产幅度在 10%～15%。如果不减刀就会出现先增后减，水增胶减，甚至会造成严重死皮。采用低频刺激割胶制度，一般干胶含量较高，割线干涸率较低。采用 d/4 刺激割制干胶含量仅略低于 d/2 不刺激割制，d/6 刺激割制干胶含量不下降。倘若采用 d/2 刺激割制，在第二割面转为第三割面后，新割面早期割线干涸则明显增

100

加，而采用 d/4 或 d/6 刺激割面，在新割面尚未见割线干涸增加。据国外研究，在第三割面，d/6＋ET 的最大割线干涸率为 10％，d/4＋ET 为 15％，d/2＋ET 为 30％～34％。

（2）减刀是调整年增产幅度的关键　要使刺激后保持一定的增产幅度，在一个刺激割胶制度确定之后，其年割刀数是随不同的气候、物候而变化的，因而不同地区所能降低的割胶强度是不同的；换言之，年割刀数是调整年增产幅度的关键。比如中龄 RRIM600 采用（S/4＋S/4↑）d/3＋ET 割制，海南省西北部龙江农场处理树与对照树的年割刀数比值为 50％，增产率达 45.7％～58.3％；海南省东南部新中农场比值 61.6％，增产率 3.2％～10.6％。由此表明，在海南省西部气候条件较稳定的龙江农场，控制年割刀数为对照的 40％，东南部的新中农场，此刀数比值应为 55％～60％，才能达到或超过常规刀割的产量水平。

209. 刺激割胶为什么要浅割？

答：（1）浅割才能达到安全高效　刺激后橡胶树的产胶和排胶规律与常规割胶相比有很大的不同，做到充分利用高效刀，减少低效刀，消灭有害刀，使橡胶树产胶和排胶保持动态平衡，达到高产、稳产、安全、低成本的目的。

涂乙烯利以后应当浅割。割胶对橡胶树是一种伤害，会使筛管的机能衰退。刺激割胶会加重筛管的衰退过程；涂药以后水囊皮的颜色变暗，割胶时较难辨别，容易造成超深或伤树，因此应当浅割。

（2）浅割才能达到养树割胶　施药橡胶树应采取浅割，这是减少割面伤害、保护橡胶树产胶能力的重要经验。橡胶树施用乙烯利后，排胶量增加，胶乳再生速度加快，需要更多的养分补充。若割胶过深，虽然切断乳管列数较多，但对有疏导功能的韧皮部的伤害也增多，养分流失相应增加，容易导致割线干涸。因此，施乙烯利后，深割等于伤树。一般认为刺激橡胶树的割胶深度应控制在离木质部 0.18 厘米以上。

210. 刺激割胶如何保持开割橡胶树长期高产稳产？

答：施用乙烯利后，要使开割橡胶树长期保持高产稳产，必须进行灵活的割面调节、药量调节和营养调节。

我国在试验和应用乙烯利过程中，吸取了国外 20 世纪 70 年代初强刺激、强采胶引起生理失调的严重教训，提出了控制增产幅度，以建立产胶与排胶动态平衡的观点，采用了低频（减少割次）、短线（缩短割线）、轮割（轮换割面）、少药（低浓度、低剂量）、浅割、增肥和动态分析等措施，使管、养、割三者密切结合，从而形成了具有我国自己特色的刺激割胶生产新制度。

211. 减轻割面疲劳有何措施？

答：低频率、短割线和轮换割面是刺激后减轻割面疲劳的关键性措施。合理的割胶制度，应使橡胶树的排胶强度与产胶能力持久地保持相对平衡。而在此基础上施乙烯利，实际上是给橡胶树输入促进排胶的化学信息，促使橡胶树建立产胶潜力所能容忍的新的生理平衡。为此，国内外主要通过低频割胶、缩短割线和割面轮换来减轻和消除开割树割面的胁迫和疲劳。

212. 药量调节有什么作用？

答：用低浓度、低剂量乙烯利取代高浓度、高剂量乙烯利是刺激割胶的发展趋势。

通常，乙烯利浓度的调节范围为 0.5%～5%，当 PR107 干胶含量在 27% 以下，GT1 和 PB86 在 25% 以下，暂停刺激。历年风、寒、病残树，凡已达到复割标准的，可用低浓度、低频率刺激。显然，这些都是根据我国植胶条件而提出的保护性措施。

其实，在我国，芽接树采用 2% 乙烯利已经足够了。无性系 PR107 进行低浓度（0.5%～1.25% 和 2.5%）、低剂量（10 毫克/株、25 毫克/株和 50 毫克/株）刺激的 5 年试验表明，施用低浓度乙烯利的各种割制，都显著或极显著地比相同割制不刺激的高产，

实际割胶强度达 33%以上的（即相对强度 67%以上），如 S/3 d/2、
S/2 d/3 或 S/2 d/2，只要施以低浓度、低剂量乙烯利，产量都高
于常规割制（S/2 d/2）。其中，S/2 d/2＋ET 0.5%增产 32.5%，
S/2 d/3＋ET 1.25%增产 23.5%，S/2 d/3＋ET 2.5%增产
20.7%，S/3 d/2＋ET 1.25%增产 14.3%。实际割胶强度低于 33%
的，使用低浓度刺激难以达到常规割制（S/2 d/2）的产量水平。

213. 营养调节有什么作用？

答：在我国，对刺激橡胶树进行营养调节包括两个方面：体内
调节（产胶动态分析与浅割养树）和体外调节（施肥管理）。

割面调节和药剂调节是直接与排胶有关的措施，营养调节则直
接或间接地为产胶提供物质条件。乙烯利刺激割胶，会引起养分流
失量增加，降低橡胶树的产胶潜力，这是通过改变胶乳组分含量而
发生的。经乙烯利处理的橡胶树，其胶乳中的橡胶组分明显减少，
非胶组分增高，养分流失增加的比例大于产量增加的比例。据初步
估计，乙烯利刺激干胶增产率为 10%～15%，随胶乳排出的养分
消耗则增加 20%～30%。因此，橡胶树施用乙烯利后，排胶量增
加，胶乳再生速度加快，需要更多的养分补充。

214. 3 天 1 刀割制怎样？

答：**（1）割制**

①1/2 阳线，3 天割 1 刀，施用乙烯利，用符号表示即 S/2
d/3＋ET。

②两条 1/4 阴阳线同时割，3 天 1 刀，施用乙烯利，用符号表
示即（S/4＋S/4↑）d/3＋ET。

（2）割胶刀数 每月割 8～9 刀，全年刀数 60～70 刀。

（3）割胶深度 割胶深度即剩下的树皮厚度。割胶要求深度均
匀，PR107 等较耐刺激品种的割胶深度不小于 0.18 厘米，
RRIM600 等较不耐刺激品种的割胶深度不小于 0.20 厘米。

（4）割线斜度 阳线 25°～30°，阴线 40°～45°。

（5）耗皮量 阳线每刀耗皮不能超过 0.14 厘米，阴刀不能超过 0.18 厘米。

215. 4 天 1 刀割制怎样?

答：1995 年 d/4 割制已写入农业部颁发的 NY/T 221—2006《橡胶树栽培技术规程》。采用 d/4 割制，每人割 3 个或 4 个树位，以每个树位 300～320 株计，每人承割 900～1 200 株。在海南省大多推行 d/4 割制的农场都获得减刀增产的良好效果。d/4 割制的技术要点：

（1）适用品系与刺激浓度 耐刺激的品系 PR107、GT1、南华、93-114 等，开割前 3 年可用 1%～1.5% 乙烯利刺激割胶，随着割龄的增长，刺激浓度可逐步提高，但最高不能超过 4%。不耐刺激的品系 IAN873、海垦 1、RRIM600 等，第四割龄始可用 1% 乙烯利刺激割胶，随着割龄的增长，刺激浓度可逐步提高，但最高不能超过 3%。

（2）刺激割胶制度

①双短线阴阳刀刺激割制：（S/4＋S/4↑）d/4＋ET。

②阴阳线轮换刺激割制：（S/2，S/2↑）d/4（4m，4m）＋ET 或 S/2 d/4＋ET。

（3）涂药周期和割胶刀数 每 12 天为一周期，每周期割 3 刀；年涂药 15～16 次（周期），年割 50～60 刀（周期内 45～50 刀），不连刀、加刀和补刀。

（4）刺激方法 将配制好的复方乙烯利糊剂 1.5～2 克均匀涂在割线（不拔胶线）和割线上方 2 厘米宽处。涂乙烯利的时间可选在每周期最后一刀的第二天下午（晴天）割线干涸后进行。据经验，不拔胶线涂施比拔胶线涂施效果好，工效也高。

（5）树位安排 d/4 割制胶工每人承割 4 个树位。要分片涂药、分片割胶，杜绝违章涂药和违章割胶。

（6）增产幅度 比对照净增产±5%。

（7）加强割胶生产技术经济指标的检测与监控 按常规要求，

测定干胶含量、耗皮量、割胶深度、死皮等；定期进行产胶动态分析。要营养诊断，科学施肥，保证按质按量完成林管任务。

实行 d/4 割制后，应适当增加耗皮量，阳线每刀耗皮 0.17 厘米，阴线每刀耗皮 0.21 厘米。并改用大胶杯收胶等，完善配套措施。

216. 5 天 1 刀割制怎样?

答：d/5，目前已进入试验推广阶段。d/5 技术要点：

（1）适用品系 高产耐刺激品系，如 PR107、GT1 等；高产均衡型品系，如中龄以上 RRIM600 等。

（2）开割高度 成龄树开割高度为新割线下端离地 110 厘米。

（3）刺激割胶制度 S/2 d/5＋ET ，（S/2，S/2↑）d/5＋ET 和（S/4＋S/4↑）d/5＋ET。

（4）涂药周期和割胶刀数 每 10 天为 1 个周期，割 2 刀；年涂 18 个周期。其中周期内 36 刀，周期外 14 刀，年割 50 刀。

（5）刺激浓度 随割龄的增加而相应增加，以 5 个割年为一个刺激剂浓度段。高产耐刺激品系（如 PR107、GT1 等）为：第 1～5 割龄 1.0%～2.0%；第 6～10 割龄 2.0%～2.5%；第 10～15 割龄 3.0%～3.5%；第 16～20 割龄 4.0%～4.5%；第 20 割龄以上 4.5%（封顶）。

高产均衡品系（如 RRIM600 等）的每个浓度段所使用的乙烯利浓度，比耐刺激品系相应降低 0.5%，且开割前 3 年暂不刺激。

根据不同地区和季节产胶潜力的变化，乙烯利使用浓度可作适当调整（只能下调）。

（6）刺激方法 将配制好的乙烯利复方糊剂 1.5～2.0 克均匀涂在割线（不拔胶线）和割线上方 2 厘米宽的割面处。涂乙烯利的时间可选在每周期最后一刀的第 2 天下午（晴天）进行。

（7）树位安排 d/5 割制胶工每人承割 5 个或 4 个树位（割 4 休 1）。要分片涂药，分片割胶，以杜绝违规涂药和违规割胶。

（8）增产幅度 比对照净增产±5%。

（9）施肥管理 要营养诊断，科学施肥，保证按质按量，完成林管任务。

（10）加强割胶生产技术经济指标的检测与监控 按常规要求测定干胶含量、耗皮量、割胶深度、死皮率等，定期进行产胶动态分析。实行 d/5 割制后，阳线每刀耗皮小于 0.17 厘米，阴线每刀耗皮小于 0.21 厘米。

217. 采用 d/4 割制有何优点?

答：（1）稳产高产 在海南省的大多数国营农场推行 d/4 割制都获得减刀增产的良好效果。如海南省国营乌石农场，到 2000 年种植橡胶面积 4 000 公顷，已开割的橡胶面积为 3 333 公顷，115.06 万株，从 1997 年全面推行 d/4 新割制后，干胶生产稳产高产，1997—1999 年推行 3 年，分别生产干胶 4 243 吨、4 546 吨、4 319吨。与全面推行 d/3 的 1995—1996 年对比，年均增产干胶 390 吨，增产率为 8.9%，3 年共增产 1 170 吨。

（2）省皮省工 采用 d/4 割制每人割 3 个或 4 个树位，以每个树位 300～320 株计，每人承割 900～1 200 株。d/4 割制，年涂药 13～14 周期，4 天割 1 刀，每周期 3 刀，年割 50～60 刀。海南省国营乌石农场全场胶工人均割株从 1996 年的 706 株提高到 1999 年的人均割 1 190 株，胶工人数从 1996 年的 1 388 人减少到 1999 年的 1 216 人，人均产胶从 1996 年的 2.90 吨上升到 1999 年的 3.61 吨。

218. 单阳线隔 2～4d 刺激割制怎样?

答：（1）S/2 d/3＋ET 即 1/2 树周单阳线，3 天割 1 刀，涂乙烯利。

此割制 1/2 树周，3 天割 1 刀，每周期 15 天，全年 12～14 周期，涂乙烯利浓度为 0.5%～3%，年割 75 天，阳刀每刀的耗皮量 0.1 厘米。

（2）S/2 d/4＋ET 即 1/2 树周单阳线，4 天割 1 刀，涂乙

烯利。

(3) S/2 d/5＋ET 即 1/2 树周单阳线，5 天割 1 刀，涂乙烯利。

橡胶树生长势较好，施肥管理水平较高的橡胶园采用此割制，年株产和单位面积产干胶均显著地高于常规割制。

219. 双短线阴阳刀隔 2～4d 刺激割制怎样?

答：(1) (S/4＋S/4↑) d/3＋ET 即 1/4 树周，同面阴阳线，3 天同时割 1 刀，涂乙烯利。

(2) (S/4＋S/4↑) d/4＋ET 即 1/4 树周，同面阴阳线，4 天同时割 1 刀，涂乙烯利。

(3) (S/4＋S/4↑) d/5＋ET 即 1/4 树周，同面阴阳线，5 天同时割 1 刀，涂乙烯利。

此割制要求阴刀割线斜度 40°～45°，做到短线、减刀、增产。据试验，采用此割制，即使割胶强度降低 45%，年割 60～70 刀，增产幅度仍然达到 15% 以上，而且副作用不明显。

220. 高低阴阳线轮换隔 2～4d 刺激割制怎样?

答：(1) (S/2, S/2↑) d/3 (m, m) ＋ ET 即采用同面或对面两条阴、阳刀 1/2 树周割线，每月轮换刺激割胶，3 天割 1 刀，涂乙烯利。

(2) (S/2, S/2↑) d/4 (m, m) ＋ET 即采用同面或对面两条阴、阳刀 1/2 树周割线，每月轮换刺激割胶，4 天割 1 刀，涂乙烯利。

(3) (S/2, S/2↑) d/5 (m, m) ＋ ET 即采用同面或对面两条阴、阳刀 1/2 树周割线，每月轮换刺激割胶，5 天割 1 刀，涂乙烯利。

多点试验表明，此割制获得了良好的增产效果，其中，阴刀割线比阳刀割线产量高 10% 以上，而且由于阴、阳刀割线轮换割胶，提高了干胶含量，减轻了割面疲劳，相应地减少了割线干涸发生率。

221. 高低双阳线轮换隔 2～4d 刺激割制怎样？

答：（1）（S/2，S/2）d/3（4 m，4 m）＋ET 即两条 1/2 树周，高低阳线半年轮换，涂乙烯利，3 天割 1 刀。

（2）（S/2，S/2）d/4（4 m，4 m）＋ET 即两条 1/2 树周，高低阳线半年轮换，涂乙烯利，4 天割 1 刀。

（3）（S/2，S/2）d/5（4 m，4 m）＋ET 即两条 1/2 树周，高低阳线半年轮换，涂乙烯利，5 天割 1 刀。

此制度每年减少 25%～30% 割次，产量比常规割制增产 15%～20%，上半年割低线，下半年割高线，可避免发生割面条溃疡病。两割线相距应大于 50 厘米。

此外，还有短割线刺激割制 S/4 d/2＋ET，即 1/4 树周短割线隔日割，涂乙烯利。此割制不仅能提高树皮利用率，提高割胶速度，而且能减轻割面寒害。

222. 双短线阴阳刀 d/4 割制如何实施？

答：双短线阴阳刀刺激割制的（S/4＋S/4↑）d/4＋ET，每 12 天为一周期，割 3 刀；年涂药 15～16 次（周期），年割 50～60 刀（周期内 45～50 刀）。不连刀、加刀和补刀。耐刺激的品系 PR107、GT1、南华、93-114 等，开割前 3 年可用 1%～1.5% 乙烯利刺激割胶，随着割龄的增长，刺激浓度可逐步提高，但最高不能超过 4%。不耐刺激的品系 IAN873、海垦 1、RRIM600 等，第四割龄始用 1% 乙烯利刺激割胶，随着割龄的增长，刺激浓度可逐步提高，但最高不能超过 3%。

223. 采用 d/3 割制刺激浓度为多少？

答：采用 d/3 割制，耐刺激的品种如 PR107、PB86、GT1 等开割前 3 年可用 0.5%～1% 乙烯利刺激割胶，随着割龄的增长，刺激浓度可逐步提高，但最高不超过 4%；不耐刺激的品种如

RRIM600 等，开割前 3 年不进行刺激割胶，第 4～5 年可用 0.5%
乙烯利刺激割胶，随着割龄的增长，刺激浓度可逐步提高，但最高
不能超过 3%。

224. 采用 d/4～5 割制刺激浓度为多少?

答: 若采用 d/4～5 割制，乙烯利浓度可比 d/3 割制相同割龄
分别增加 0.5～1 个百分点。更新前 3 年可适当提高刺激浓度。

六、收胶与胶乳保存

225. 收胶有何要求?

答:(1)掌握收胶时间 割完胶后,当绝大部分橡胶树已经断滴时便可收胶。不同季节、不同品系,排胶时间的长短有很大差异,应根据具体情况,及时收胶。一般说来,割胶后 2~2.5 小时就可以收胶,后割的流胶时间较短,可在停割 1 小时后收胶。但在 5 月以前的干旱季节,排胶的时间很短,割后 1.5 小时左右就陆续断滴,且胶乳容易早凝,收胶时间应适当提早。秋冬季节,气温较低,排胶时间较长,要推迟收胶,待大部分橡胶树停滴后才能收胶,下午还要收长流胶,特别是 RRIM600 这个品系排胶时间可长达 4~5 小时;上午第一次收胶时,可能大部分橡胶树还在缓慢地排胶,下午必须进行第二次收胶。乙烯利刺激的橡胶树,排胶时间较长,有的长达 10~20 小时,当天要收两次胶,第二天上午还可能要收第三次胶。

施用刺激剂后也会引起长流,为避免满杯外溢,应提前收胶,收后胶杯放回原处,继续收长流胶。干旱季节或刮风天气胶线容易早凝,可适当提早收胶。

(2)胶杯要刮干净 收胶时把胶乳刮进胶桶,最好一次刮干净。在收胶过程中,如发现胶刮沾胶,结成凝块,应随时将凝块除去。胶收完后,要马上把胶刮洗净,以免沾在胶刮上的胶乳干后难洗。

110

（3）**要注意收集杂胶** 杂胶包括胶线、胶块、胶泥和长流胶，一般占总产量的 15％左右，施用刺激剂后，杂胶增多，甚至占总产量的 20％以上，应尽量收集，避免浪费。胶泥应洗净去掉杂物回收。

（4）**要有好的收胶工具** 胶桶和胶刮是主要的收胶工具，其中胶刮是否合适、好用，与能否将胶乳收干净关系甚大。胶刮的大小应和胶杯一致，软硬适中，边缘软硬也要一致，最好磨成光滑的牛舌形。收胶前宜把胶刮浸湿，以免胶刮沾胶过多。

（5）**要有正确的收胶操作** 收胶时右手提胶桶并用拇指和食指夹住胶刮柄，左手拿一个空胶杯，如一株树有两个胶杯架，则先将空杯放在上面一个胶杯架上，后取下面胶杯架上已经盛有胶乳的胶杯。如果一株树上只有一个胶杯架，则先用小指和无名指与手心把空杯底部夹紧，用拇指和食指把盛有胶乳的胶杯拿起，把空杯放在胶杯架上。拿稳胶杯后，边走路边把胶乳刮进胶桶，最好一次刮干净。胶乳超过半杯时，可先倒入桶内，再用胶刮在杯内左右转刮一次为宜，多刮反而不干净。刮胶乳时，用力要均匀，使胶刮紧贴胶杯边缘刮下，防止胶乳飞溅。

（6）**放好胶杯** 收胶后，胶杯要放稳在胶杯架上，杯口向内并稍向下倾。否则，如雨天，胶杯就会积水，下一次割胶时要是抹不干净，容易造成胶乳凝固。如果用木桩作胶杯架时，收胶后将胶杯倒扣在木桩上即可。

226. 胶乳长流的原因是什么？

答：有的橡胶树排胶时间长达 5～12 小时，甚至 24 小时之久，这种现象称为长流。胶乳长流的原因有：

（1）**品系特性** 有的品系，如 RRIM600 等，就比较容易产生长流。

（2）**营养失调** 当营养失调时，橡胶树的新陈代谢和物质合成受到影响。由于凝固酶的生成减少和活性减弱，使胶乳不易凝固，因而引起胶乳长流。胶乳长流又使得钙、镁等无机养料损失更大，

111

从而进一步影响凝固酶的生成，更加剧胶乳的长流。死皮前兆期出现胶乳长流变稀的现象，大多数是由于排胶过度引起营养亏缺所致。

（3）冬季低温　冬季低温时，由于凝固酶和细菌活性减弱，胶乳凝固时间延迟，也会产生长流。

（4）化学刺激　乙烯利刺激后，一方面由于在乳管中产生了强烈的稀释反应，使胶乳变稀，有利于排胶；另一方面由于提高了胶乳的 pH，使凝固酶和细菌活动受到抑制，因而延长了排胶时间，产生长流。有的长流到下午，甚至到翌日早晨。有一部分胶乳长流是死皮发生前的预兆。

227. 长流胶树如何处理？

答：（1）适当浅割　对于长流的品系，应当适当浅割或降低割胶频率。

（2）增肥　对于营养失调而造成的长流橡胶树，应降低割胶频率并适当浅割，以免营养流失过度，同时要加强抚育管理，增施镁肥、钾肥和磷肥，以提高橡胶树的营养水平和创造凝固酶活动所需要的条件，减少胶乳长流。对于死皮前兆期出现的长流树，应及时增施氮、磷、钾等速效肥料，以补充橡胶树养分的不足，并及时休割。

（3）贯彻安全割胶的制度　对于冬季低温引起的长流树，应当贯彻冬季安全割胶的制度。

（4）调节割制　对于化学刺激造成的长流树，可通过调节刺激剂的用量、次数和剂型，以及采用浅割、减刀、增肥等措施来减少橡胶树长流。

228. 胶乳为什么会过早凝固？

答：一般橡胶树的排胶时间，大多是 1～3 小时，高产树的排胶时间长一些。可是有些橡胶树的胶乳特别容易凝固，割胶后不到半小时甚至 15 分钟就凝固了。引起早凝的原因有：

（1）**营养失调** 鲜胶乳中镁含量高会造成早凝。一般叶片含镁量大于 0.5%，镁/钾和镁/磷的值过大均会出现早凝。对此，施适量的氯化钾、草木灰和火烧土均有一定的效果。

胶乳凝固的重要原因之一是凝固酶的活动。镁是凝固酶的激活剂，镁多，凝固酶活性强，胶乳容易凝固。镁与磷、钾之间有拮抗作用，即磷、钾多时，会引起镁的不足；反之，磷、钾缺时，就会显得镁过多。所以橡胶树对镁和磷、钾的需要有一定的比例，以保证其正常生长、产胶和排胶。胶乳过早凝固的主要原因就是这一地区土壤中磷、钾含量低，从而使镁/磷、镁/钾失常所造成的。试验表明，对这种橡胶树增施以磷、钾肥为主的综合肥料，叶子就会从黄转青，胶乳过早凝固现象也普遍好转。有些胶工对过早凝固的橡胶树增施混有草木灰或猪、牛骨灰的肥料（配合淋水），也都有一定的效果。

（2）**品系和物候期** 胶乳早凝和品系有关，有的品系，如GT1很容易发生早凝。物候期也影响胶乳早凝，如开花、结果和抽叶期胶乳容易氧化凝固。对此，一方面应注意选择适合的品系和施用乙烯利刺激剂，另一方面要增施磷、钾肥，实行林段胶杯加氨等，以减少胶乳早凝。

（3）**酶的作用** 鲜胶乳中酶类繁多，有些是胶乳代谢中所固有的，有些是细菌活动而产生的。例如，法国学者 X. Gidrol 提出胶乳黄色体中存在的橡胶朊就是一种可使胶粒絮凝的蛋白质，如黄色体破裂，释放出橡胶朊就可使胶乳凝固。细菌活动诱导产生蛋白质分解酶，使胶粒外层的蛋白质分解导致胶粒凝固。

（4）**细菌污染** 胶乳从乳管排出后，由于接触到树皮、割胶和收胶工具以及空气，必然受到细菌的污染。胶乳中的糖和蛋白质是细菌繁殖的养料，在温度和酸碱度适宜的条件下，细菌很快繁殖。据测定，割胶后每毫升鲜胶乳含有 600 万个细菌，放置 3 小时后，每毫升鲜胶乳的细菌增加到 20 亿个。细菌繁殖过程中胶乳的糖类最先被分解，生成各种酸类，主要是乙酸，少量是甲酸和丙酸，这些挥发性脂肪酸电离产生的氢离子中和了橡胶粒子表面的负电荷，使胶乳 pH 由 7 左右降低到接近等电点（pI5 左右），破坏了橡胶粒子的双电层，使鲜胶乳絮凝。

细菌还会分解破坏橡胶粒子的蛋白质保护层。鲜胶乳所含的蛋白质约有 20% 分布在橡胶粒子表面，成为胶粒保护层的主要成分。胶乳中的枯草芽孢杆菌对蛋白质有很强的分解能力。胶粒蛋白质的保护层被分解后，减少了粒子的水化程度，降低了胶粒的稳定性，增加了粒子的絮凝能力，导致自然凝固。在高温多雨的季节细菌繁殖很旺盛，细菌活动的结果一方面破坏橡胶粒子的保护层，另一方面产生酸类。酸类不仅中和橡胶粒子表面的负电荷，而且使胶乳的酸度增大，促进凝固酶的活动，结果使胶乳过早凝固。因此应做好割胶"六清洁"以减少细菌的污染。

（5）风和温度 高温天气和迎风林段，会加快割线上的水分蒸发，促进凝固酶、细菌的活动，因而使胶乳凝固变快，引起早凝。严重干旱使橡胶树水分状况恶化，胶乳含水量下降，也会使凝固加快产生早凝。施水肥可以改善橡胶树的水分状况，对克服这类过早凝固有一定效果。

229. 胶乳为什么会变质？

答： 胶乳的变质主要是细菌活动产生的。尽可能地减少细菌的污染与繁殖成为胶乳早期保存的有效措施。胶乳腐败主要是由于细菌活动引起的。细菌活动一方面直接破坏橡胶粒子的蛋白质保护层；另一方面产生氢离子中和橡胶粒子表面的负电荷，使橡胶粒子的稳定性遭到破坏，结果使胶乳产生腐败。

230. 胶乳为什么要早期保存？

答： 鲜胶乳早期保存是割胶生产的重要技术环节，它是指胶乳从橡胶树流出至运到加工厂之前的鲜胶乳保存措施。因为胶乳从橡胶树排出后，如不及时保存处理，经 6～12 小时后，就会逐渐变质，橡胶粒子相互黏聚起来，出现水胶分离，腐败发臭，产生田间自然凝固现象，这称为早期凝固。变质的胶乳不仅影响过滤操作，而且加酸凝固时，用酸量也不好掌握。由于生成的凝块软硬不一，影响制胶工艺，降低橡胶干燥效果，减少浓缩胶的干胶制成率，降低橡胶制成品质量，造成经济损失。

231. 鲜胶乳保存剂有哪些？

答：生产上常用的鲜胶乳保存剂有氨水、甲醛、亚硫酸钠和某些复合剂等化学药品。此外，在氨水中加入适量的 TT（二硫化四甲基秋兰姆）/氧化锌，可提高氨水的保存效果。

232. 怎样做好胶乳的早期保存？

答：为了做好胶乳的早期保存，必须做到：

（1）**做好清洁，减少细菌污染** 胶乳的腐败主要是细菌作用的结果，而胶乳中的细菌主要是由于树身和收胶用具不清洁所感染。所以清洁工作对防止胶乳变质有很重要的作用，是防止胶乳腐败的有效措施。

（2）**合理使用胶乳保存剂** 保存剂的作用是杀死胶乳中的细菌，或抑制酶的活力，抑制细菌的进一步繁殖，或是增加胶粒的电荷，提高电位保护胶乳的稳定性。

对制造固体生胶所用保存剂的要求：碱性不宜过强；用量不宜过高；不会加深生胶颜色；不影响干燥及产品性能。就固体生胶中烟胶片、白绉片、颗粒胶对保存剂选择和使用有差异。

233. 氨水对鲜胶乳有什么保存作用？

答：氨水对鲜胶乳有多方面的保存作用。

（1）**杀菌抑酸** 氨能消除或减轻细菌或酶对胶乳的去稳定作用。氨与糖类生成醛氨或酮氨络合物，而不再被细菌分解利用。新鲜胶乳的 pH 为 6.1～6.5，因此是不容易凝固的。但割出来的胶乳在细菌、酶等作用下，pH 会很快降低使局部胶乳早凝。因此生产上根据橡胶粒子的这些性质，在林段里在胶乳中加入氨水，使胶乳的 pH>6.3，以保持胶乳新鲜。

(2) 隔离金属离子 氨能与胶乳中的镁离子或磷酸根反应，生成溶解度极小的磷酸镁铵，消除镁离子对胶乳稳定性的破坏作用。

(3) 稳定胶体 氨与类脂物分解的高级脂肪酸反应，生成铵皂，增加了胶粒的负电荷和水合度。橡胶粒子可分为内、中、外3层：内层和中间层均由橡胶烃组成，内层为溶胶；中间层为凝胶；外层是保护层，主要由蛋白质和类脂物组成。蛋白质是典型的两性电解质。

(4) 增加胶乳碱性，中和胶乳中细菌产生的酸 当 pH 等于 4.7，即达到蛋白质的等电点时，橡胶粒子表面的蛋白质处于中性状态，形成不带电现象，此时胶乳容易凝固；当 pH 小于 4.7 时，橡胶粒子表面带正电荷，此时胶乳不容易凝固；当 pH 大于 4.7 时，橡胶粒子表面带负电荷，此时胶乳也不容易凝固。在工厂加工胶乳时，加入适量的醋酸，让 pH 接近于 4.7，使胶乳凝固。

234. 如何合理使用氨水保存胶乳？

答：合理使用氨水保存胶乳必须掌握好：

(1) 加氨时间 胶乳早期加氨水能使胶乳保持新鲜。林段加氨水越早越好，氨水有抑制细菌生长繁殖、中和胶乳里的酸类和提高胶乳稳定性的作用。通常胶工分两次加氨水，收胶前先在收胶桶加一半氨水，收胶后再加入剩下的氨水。

(2) 氨水使用浓度 出厂氨水浓度为 20% 左右，应加水稀释成 10% 为好，因为若浓度太低，不仅会增加胶乳运输量，还会降低离心机分离效率；若浓度太高，氨会挥发损失，也不利于胶乳与氨的均匀混合。

(3) 加氨水量 胶乳加氨水要适量，用量太少，达不到胶乳保存效果；用量太多，浪费药剂，而且增加加工凝固时的用酸量，通常，用于制造烟胶片或颗粒胶的胶乳，加氨水量为鲜胶乳重的 0.05%～0.08%；制造浓缩胶乳的鲜胶乳应加 0.2%～0.35%。应根据橡胶树的物候状况调节加氨水量，在春季刚开割、第二次抽叶开花或雨后割胶时，胶乳稳定性较差，要适当增加氨水量。

应加氨水量的计算公式如下：

$$应加氨水量=\frac{鲜胶乳重量\times（0.05\%\sim0.08\%）}{氨水浓度}$$

（4）氨水的使用方法　用于橡胶园加氨的氨水浓度通常为10%，工业氨水出厂时一般为20%左右，使用时要稀释。

①稀氨水的配制：

$$稀释用水量=\frac{浓氨水重量\times（原氨水浓度-稀释氨水浓度）}{稀释氨水浓度}$$

$$浓氨水重量=\frac{稀释氨水浓度\times稀释氨水重量}{浓氨水浓度}$$

$$稀释用水量=稀释氨水重量-浓氨水重量$$

②鲜胶乳应加氨水量：

$$氨水用量=\frac{鲜胶乳用量\times应达到的氨含量}{氨水浓度}$$

③收胶站进行补氨时，氨水量的计算：

$$补加氨水量=\frac{鲜胶乳重量\times（要求的氨含量-已有的氨含量）}{氨水浓度}$$

（5）注意安全　使用浓氨水时应注意安全，不要让它溅到眼睛和皮肤上。如果浓氨水溅到眼睛和皮肤上，应立即用清水冲洗。在放出氨气或倒浓氨水时，人应站在容器的上风口处。

235. TT/ZnO 复合保存剂怎样?

答：TT/ZnO 的化学成分为二硫化四甲基秋兰姆，是杀菌剂，氧化锌是毒酶剂。TT/ZnO 复合保存剂对胶乳的保存效果很好，尤其对长时间鲜胶乳保存及控制胶乳挥发脂肪酸的效果好，经济效益比单氨保存好得多。TT/ZnO 分散体的配制，多用于混合配制，一般配制成 33% 的水分散体。制备分散体可用球磨机，或砂磨机研磨。

生产生胶时，TT 和氧化锌用量各为胶乳重的 0.01%，氨水为 0.03%～0.08%；生产浓缩胶乳时，TT 和氧化锌用量各为胶乳重的 0.01%，氨水为 0.2%～0.3%。这样可使鲜胶乳有效保存时间达 7 天以上。用于制造生胶的鲜胶乳早期保存的 TT/ZnO 分散体配方：TT 13.2 份，ZnO 19.8 份，NF 1 份，NaOH 0.01 份，H_2O 66 份。

用于浓胶乳生产的鲜胶乳保存的 TT/ZnO 分散体配方：TT 16.5 份，ZnO 16.5 份，NF 1 份，NaOH 0.01 份，H_2O 66 份。

注意：分散体储存过程中会产生沉淀，使用前必须搅拌均匀，分散体的有效保存期小于 60 天。NF 是甲撑二萘磺酸钠。

236. TT/ZnO 如何使用？

答：TT/ZnO 可在工厂使用，也可在收胶站使用，使用时先按需要量与一定量的胶乳混合均匀，制成母液，然后再加入整批胶乳中，并搅拌均匀。TT/ZnO 用量（胶乳计）：

（1）用于浓胶乳加工 NH_3（0.2%～0.3%）＋TT/ZnO（0.02%）。

（2）用于固体生胶加工 NH_3（0.08%）＋TT/ZnO（0.02%），可根据保存时间适当减少 NH_3 和 TT/ZnO 的用量。

NH_3＋TT/ZnO 用作固体生胶生产的胶乳保存剂时，应注意其对生胶有不利影响，用量增加，在橡胶干燥时易发黏、变软，同时使生胶质量降低。

237. 甲醛保存剂如何使用？

答：甲醛也是良好的胶乳保存剂。它的化学活性很高，杀菌作用强，对胶乳有良好的保存效果。

制备生胶时，一般用量为胶乳重的 0.03%～0.06%。制备浓缩胶时，常与氨水并用，即先在收胶桶加入胶乳重 0.06%～0.08%的氨水，0.5～1 小时后再加入 0.03%的甲醛。

238. 使用甲醛时应注意什么？

答：使用甲醛时应注意：
①单用甲醛时，其储备液浓度应在 5%左右，若浓度太高，胶

乳会产生凝粒。

②加甲醛到胶乳时，要边加边搅拌，以免产生局部凝固。

③甲醛与氨水并用时，两种药剂要分开，不得混合使用，否则会发生化学反应而失效。

④生产白绉片或浅色胶片不宜用甲醛作胶乳保存剂，因加入甲醛后的干胶片颜色较深。

七 、橡胶树刺激剂

239. 乙烯灵怎么样?

答: 乙烯灵是中国热带农业科学院橡胶研究所经过多年试验研究出来的植物生长调节物质。它是针对橡胶生产上使用乙烯利单方存在较多副作用的问题,根据橡胶树产胶与排胶生理平衡规律的互补效应原理,在单方乙烯利的基础上添加多种微量元素及产胶促进剂配制而成。该产品除含有乙烯利和稀土钼外,还含有多种橡胶生长与产胶必需的营养元素、微量元素以及代谢调节剂等。乙烯灵于1990 年被国家专利局授予发明专利,1997 年获国家优秀专利奖,2000 年获海南省科技进步成果奖,2002 年列入国家重点推广项目。乙烯灵施用于橡胶树后一般可增产 10%~25%,可减少割胶刀数25%~30%,节约树皮 25%,且发病率低。

乙烯灵在施用过程中,应根据橡胶树的品种、树龄、割胶制度等调节施用的浓度、剂量、周期,实行低频割胶。多年的试验和应用表明,乙烯灵能克服或减少使用单方乙烯利引起的橡胶树过度长流、干含急剧下降和死皮增加等副作用。乙烯灵施用后橡胶树排胶快、干含高、死皮率低、再生皮恢复好。据试验,国内大面积应用比单方乙烯利增产 13.8%,提高胶乳干胶含量 1.45 个百分点,割胶树 4~5 级死皮率减少 1.2%。2001—2012 年,乙烯灵累计推广应用达 567 万亩,增产干胶 19 890 吨,新增产值 42 261 万元,总经济效益达 22 486 万元。其中 2010—2012 年推广 212 万亩,增产干胶 7 947 吨，新增产值 22 272 万元。平均每亩年增产干胶 3.51 千克，新增纯收益 63 元。

（1）乙烯灵产品特点

①乙烯灵是一种胶状糊剂，黏附力强，涂后不易被雨水冲掉。

②乙烯灵药效长，增产显著，产量稳；使用后干含提高、排胶快、长流少、死皮防治效果明显。

③乙烯灵促进再生皮的生长，树皮松软好割、再生皮生长快、割面抗寒能力强。

（2）乙烯灵使用方法

①涂刷方法：用毛刷醮乙烯灵药液涂抹到宽约 2 厘米的新割面上，每株用药 2 克，每树位（250 株）用量约 500 克，每年 5～10 月用药，涂后 48 小时割胶。

②乙烯灵可长期储放（一般可达 5 年以上），若有沉淀不影响药效，但用前必须搅匀。注意乙烯灵不能用金属容器盛装。

③不同品系、不同割龄的橡胶树使用乙烯灵的刺激浓度：

PR107 类品系	RRIM600 类品系
第 1 割龄：0.5％	第 1～3 割龄：0.1％
第 2～3 割龄：1.0％	第 4～5 割龄：0.5％
第 4～5 割龄：1.5％	第 6～10 割龄：1.0％
第 6～10 割龄：2.0％	第 11～15 割龄：1.5％
第 11～15 割龄：2.5％	第 16～20 割龄：2.0％
第 16～20 割龄：3.0％	老龄实生树、低产树：4％

使用乙烯灵后，每月割胶 8～9 刀，全年刀数 60～70 刀；割胶深度（即剩下的树皮厚度）PR107 要求 0.18 厘米以上，RRIM600 要求 0.20 厘米以上；耗皮量为阳线每刀耗皮不能超过 0.14 厘米，阴刀不能超过 0.18 厘米。

240. 高效复方乙烯利乳剂怎么样？

答：高效复方乙烯利乳剂是中国热带农业科学院橡胶研究所于 1987 年研制成功的橡胶高效刺激增产剂。该刺激剂已于 1994 年通过农业部成果鉴定，并获 1996 年海南省科技进步三等奖，目前已在卫星、芙蓉田、红岭、公爱、白沙等国营农场与琼山市、白沙黎族自治县、儋州市等市（县）民营的橡胶园应用多年。

（1）产品特点

①高产高效：橡胶树使用该药剂可进行高效低频割胶，比常规割制减少割胶用工 40%～50%，减少耗皮量 1/3，增产干胶 5%～20%。

②副作用小：该刺激剂添加了复方微量营养元素，能调节橡胶树生理平衡，减少刺激剂的不良副作用，与一般刺激剂比较，使用本产品后长流胶少，死皮发病率低，对橡胶树茎围生长的抑制不明显。

③使用方便：不必刮皮和拔胶线，直接涂在靠近割线的"麻面"上。

④能促进再生皮生长：使用该产品的橡胶树割面再生皮厚度比常规割制增长 25%，再生皮乳管列数多 20%。

（2）适宜品系及割制　产品备有 0.5%～5.0% 不同浓度，以供不同品系、割龄、割胶频率和割胶制度的橡胶树使用。

（3）使用方法　将药液摇匀，用毛刷蘸药液涂在靠近割线的"麻面"上即可，宽度为 1.5 厘米。

（4）使用注意事项

①应用本刺激剂改制割胶的橡胶园，要配合做好橡胶园水土保持工作，挖深沟盖草培肥；加强施肥管理，每株开割树施用 1.5 千克左右的橡胶高产专用复合肥（氮、磷、钾总含量 25%～30%），以满足橡胶高产的营养需求，提高橡胶树产胶能力。

②严格遵守高效低频割胶制度的技术规程，不要擅自加刀（雨天也不补刀）、加药、深割。控制割胶深度在 0.2～0.22 厘米为宜；刀耗皮量为 0.2 厘米、年耗皮量控制在 13～15 厘米；保持干胶含量 PR107 不低于 26%，RRIM600 不低于 25%；当干胶含量低于上述警戒指标时，采取降低割胶频率或短期休割措施，促使干胶含量回升，保持橡胶树健康高产。

241. 增产素怎么样?

答：橡胶树增产素是中国热带农业科学院橡胶研究所研究的技术成果，于 1990 年被国家专利局授予发明专利。橡胶树增产素适用于乙烯利刺激割胶的橡胶树，是营养型橡胶树产量刺激剂。根据橡胶树割面吸收营养物质后能促进橡胶树乳管发育和产胶等特点，所配制的增产素是加入植物营养物质、产量调节剂、黏着剂及乙烯利等成分配制而成的，其成分和浓度依据橡胶树品种、树龄、割胶制度、干含变化、橡胶树营养状况、橡胶园土壤肥力特性和成分本身功能等因素的变化而不同。该产品已大面积扩大使用多年，深受用户欢迎。

（1）产品特点　本产品不但具有刺激增产的效应，而且能克服或减少单独使用乙烯利所产生的不良影响。具有以下特点：

①增产幅度大，比乙烯利水剂增产 17%～24%，干含提高1%～1.5%。

②增产持续时间长且平稳，施用后树皮松软好割。

③有效减少胶乳长流，减少死皮。

④黏着性好，不易被雨水冲刷，不发霉。

（2）使用方法　将含乙烯利 0.5%～3%（根据橡胶树树龄和品系等而定）的增产素直接涂在割线和割面上。每株次用药 2～3 克，年涂药 6～12 次。

242. 增胶宝怎么样?

答：增胶宝是中国热带农业科学院橡胶研究所的技术成果，为新研制营养型橡胶树产量刺激剂，主要由多种微量元素、生物调节剂和乙烯利等多种成分配制而成。

（1）增胶宝特点　增胶宝具有稳定的增产效果，而且能克服或减少因单独使用乙烯利所产生的各种负面影响。主要特点表现为：

①稳定增产：增产性能稳定，涂药周期内每割次的增产幅度相似。比同浓度单方乙烯利水剂增产 15%～25%。

②有效地减少胶乳长流、减少死皮。

③使用增胶宝，树皮松软好割，再生皮生长快。

④黏着力强，不易被雨水冲刷而失效，药效持续时间长且平稳。

（2）使用方法　生产单位根据橡胶树的品系及割龄不同，选择合适浓度的增胶宝直接涂在橡胶树的割线和割面上，宽约2厘米，每株每次2克左右，每12～15天涂1次，年涂10～12次。

0.5%～3.5%不同浓度的增胶宝是经过多年试验研究的科研产品，已在海南、广东等地的50多个国营农场和地方农场推广使用，面积达120万亩。

243. 橡胶树抗病增胶灵怎么样?

答：橡胶树抗病增胶灵是云南省热带作物科学研究所经多年研制开发的科研发明专利产品，2003年7月18日获国家专利局受权，专利公开号001120659。被云南省科学技术厅列为云南省科研院所技术开发专项资金项目（2001—2005年）。

（1）主要成分　植物生长刺激剂、必要的微量元素、杀菌剂、助渗剂、缓释载体及水。

（2）剂型　缓释剂，呈水溶性胶体。

（3）有效含量　根据橡胶树的不同品系、不同割龄，配制成乙烯利0.5%～4%的系列产品。

（4）作用特点

①涂用增胶灵是橡胶树割制改革必需的配套措施。增胶灵药效长。施药后，通过载体缓慢地释放出乙烯，供给树皮吸收利用，避免了高浓度乙烯对树皮的副作用，因此，施药周期可从12天延长到16天以上，减少了年施药次数。

②增胶灵含杀菌剂组分，增强了防治条溃疡病的功能，省去了涂用治疡灵的费用；微量元素能调节营养，提高胶乳产量和干胶含量，促进再生皮的生长，增强冬天割面的抗寒力。增胶灵集刺

激、营养和抗病于一体，一药多效，降低了生产成本，减轻了胶工劳动强度。

③药液室温下储存一年不变质，仍呈黏稠稳定的胶体，无絮凝、无分层和沉淀现象，因此，无需随配随用，可商品化生产。

(5) 用法用量 于割胶当天胶线干后，用软毛牙刷直接蘸取橡胶树抗病增胶灵药液，涂于新割口，宽约 2 厘米。药后第三天割第一刀。中龄树及单割面每株次用药 2 克；老龄树及双割面每株次用药 3 克。每 15 天涂 1 次，年施药 14～15 次，年耗药量约 1 千克/亩。各品系不同割龄的乙烯利施用浓度见表 11。

表 11　各品系不同割龄的乙烯利施用浓度

割龄段	耐割品系	不耐割品系
	GT1、PR107 和 PB86	RRIM600、云研 277-5 和云研 1
1～3	不用药	不用药
4～5	0.5%	0.3%
6～7	1.0%	0.5%
8～11	1.5%	1.0%
12～15	2.0%	1.5%
16～20	2.5%	2.0%
21～25	3.0%	2.5%
26～30	3.5%	3.0%
31 以上	4.0%	3.5%

(6) 用药原则 表 11 适用于 S/2 d/3 割制，施药前安装防雨帽，施药后必须浅割、增肥。

①各割龄段耐割品系比不耐割品系依次提高一个乙烯利浓度档次（0.5%）。

②农场按《云南农垦橡胶树新割制试行规程》执行。只需将现行糊剂更换成橡胶树抗病增胶灵。乙烯利含量可依据用户要求而配制。

(7) 注意事项

①当年第一次涂药必须在 70% 以上橡胶叶稳定，割第二刀后进行。晴天涂药，涂药时间在割胶当天下午胶线干涸后，用宽 1～

2厘米的软毛牙刷蘸取药液，均匀涂在割线和割口上方2厘米宽的新割面上。

②每年开割后的第一次涂药和进入雨季转高割线的第一次涂药，应先将紧接割线下方1～1.5厘米宽的栓外层轻轻刮去，原生皮刮至呈现绿色为止，再生皮刮至呈现红色为止，不能刮出胶水，再将药液均匀涂在刮皮带和附着胶线的割线上及外砂皮层，以增加药效。

③涂药6小时后如遇到暴雨冲刷，不用补涂；在2小时内遇暴雨冲刷可补涂，但浓度要降低一半；在涂后2～6小时遇雨，可根据涂药后第一刀的产量，减产多的适当缩短涂药周期。

④冬季涂药，可根据干胶含量和气温变化情况降低乙烯利浓度0.5%；这时，5割龄以下的橡胶树可不涂药。

⑤增施肥料，在保证橡胶树产胶潜力的前提下，通过涂药刺激，减少刀次，达到减员增效、增加产量、减少耗皮、降低成本、延长橡胶树经济寿命、提高劳动生产率的目的。

⑥本品不能用金属容器盛装。

(8) 储存方式 密封、避光、存于阴凉室内。

244. 橡胶树割面为什么要涂封?

答：我国植胶区冬季常遇低温，橡胶树割面常遭受寒害，直接影响翌年的产量，因此需要涂封割面，使割面能御寒，保护橡胶树再生能力。目前，在生产上使用的涂封剂主要有以下几种：

第一种是植物油（橡胶树种子油、油棕油、蓖麻油）、蜡（石蜡、蜂蜡）和松香按一定比例混合。它需要加热熔化冷却后才能使用，但冷却后又容易重新凝固，经常是边加热边涂施，因此容易烫伤树皮，使用不方便，成本高。

第二种是工业用凡士林，它含有一定浓度的有机酸，对树皮有不良影响。

第三种是黄泥拌牛粪，它具有成本低，取材方便的优点，但涂封的割面雨后不容易干，易使树皮染病，防寒的效果不理想，且在翌年割胶时泥沙易使胶刀受损。

245. 橡胶树割面保护剂怎样?

答: 橡胶树割面保护剂与常规涂封材料相比,具有防寒防病效果好,促进再生皮生长和翌年初期产量提高、促进死皮恢复和使用方便等优点。

(1) 有效成分 橡胶树割面保护剂由植物油、凡士林、胶结剂、营养物质和杀菌剂等配制而成。

(2) 产品特点 橡胶树割面保护剂在割面上形成一层薄膜,不易被雨水冲掉,它有以下作用:

①防寒,比常规凡士林、油剂减少割面爆胶 5%~10%,比黄泥拌牛粪减少割面爆胶 25%~35%。

②防病,没有发现条溃疡等割面病害。

③促进死皮恢复,死皮恢复率比油剂大 20%。

④促进再生皮生长,比一般涂封剂大 25%~30%。

⑤对次年开割时的产量有一定的促进作用,前 10 刀的产量提高 8%。

⑥使用方便,不会损坏胶刀。

使用方法:在冬季橡胶树停割时将药品均匀地涂在最近 2~3 个月新割的橡胶树割面上,每株 6~10 克。

246. 割面涂封剂怎样?

答: 割面涂封剂是根据橡胶树的抗寒机制而研制的用于橡胶树冬季停割后割面防寒的产品。

(1) 主要成分 割面涂封剂主要由防寒剂和植物营养物质等配制而成。

(2) 应用效果 割面涂封剂使用方便,在割面上涂用后能形成一层透气而不透水的薄膜,且不会被雨水冲掉,主要作用有:

①防寒效果好。爆胶点比凡士林油剂减少 74.3%,比棕油＋石蜡＋松香减少 37.9%。

②有防病作用。减少条溃疡等割面病害。

③为新割面增加营养，促进再生皮生长。据翌年开割时测定，其再生皮生长比使用一般涂封剂的快 30％左右。

④可提高翌年开割时的产量。前 10 刀的产量约增加 8％。

⑤翌年开割时干皮薄，且麻面光滑不爆皮，割线平整不崩口，木栓皮下呈青绿色。

(3) 使用方法　冬季停割后 5 天左右，用毛刷将药品均匀地涂施在割线和新割面上（宽约 5 厘米，注意下、收刀处要涂到位）。每株用量：单阳线 4～5 克，阴阳线 6～7 克（实际用量可根据树围大小增减），每亩 0.12～0.21 千克。

247. 割面封口剂怎样?

答：割面封口剂是根据橡胶树的抗寒割胶生理特点配制的。

(1) 产品特点　割面封口剂为油性软膏，松软有流动性。产品优点为：

①油性物质和抗寒物质成分含量提高。

②割面滋润保湿时间长，割线不易回枯。

③不须经熔煮即可直接涂刷使用。

④对死皮的防治有一定效果，第二年开割的产量比较稳定。

⑤易于分发和运输。

(2) 使用方法　阳刀每株用量 5 克，阴刀每株 7 克，直接涂于割线与新割面（宽约 4 厘米）上。

八、胶工要求

248. 初级割胶工有何要求?

答: 初级割胶工要求见表12。

表12　初级割胶工要求

工作内容	技能要求	掌握相关知识
1. 割胶工具准备	1. 能磨胶刀 2. 能制作胶杯架 3. 能安装胶杯架、胶舌、胶杯	1. 磨刀技术基本知识 2. 盛胶器具安装基本知识
2. 开割树准备	1. 能划分相邻树位明显分界线 2. 能将割胶树编号	树位编号基本知识
3. 割胶作业	1. 能持刀、行步、下刀、行刀、收刀 2. 能控制割胶深度、割线斜度和每刀的耗皮量 3. 能识别橡胶树死皮 4. 能涂封割面	1. 割胶操作基本知识 2. 橡胶树树皮结构基本知识 3. 割胶生产技术指标基本知识
4. 收胶	1. 能收胶乳、长流胶和杂胶 2. 能实施胶乳早期保存 3. 能进行"六清洁"(指胶杯、胶刮、胶桶、胶舌、树身、树头的清洁)	1. 胶乳早期保存方法 2. 收胶技能的基本知识
5. 刺激剂使用材料准备	1. 能选用合适容器盛装乙烯利 2. 能选择涂施工具	乙烯利使用基本知识

（续）

工作内容	技能要求	掌握相关知识
6. 涂施刺激剂	1. 能选择涂施乙烯利制剂的方法 2. 能选择在橡胶树上涂施乙烯利的部位 3. 能均匀涂施乙烯利制剂	乙烯利涂施技术基本知识
7. 开割橡胶园树身管理	1. 能使用相关工具协助高一级人员处理风害、寒害树 2. 能使用相关器具协助防治病虫害	1. 橡胶树风害、寒害处理常规技术基本知识 2. 橡胶树防病常规技术基本知识
8. 开割橡胶园土壤管理	1. 能完成橡胶园人工除草 2. 能挖肥穴、压青和施化肥 3. 能进行"三保一护"（保水、保土、保肥和护根） 4. 能维护橡胶园道路	1. 橡胶园人工除草基本知识 2. 橡胶园施肥基本知识 3. 橡胶园水土保持基本知识 4. 橡胶园道路维护基本知识

249. 中级割胶工有何要求？

答：中级割胶工要求见表13。

表 13 中级割胶工要求

工作内容	技能要求	掌握相关知识
1. 割胶工具准备	1. 能选择胶刀 2. 能磨新胶刀 3. 能选择使用磨刀石	1. 胶刀结构基本知识 2. 磨刀石分类及性能
2. 开割树准备	1. 能延长前后水线 2. 能确定新投产树	割面规划知识
3. 割胶作业	1. 能根据物候、天气、树情割胶 2. 能根据橡胶树死皮的前兆调节割胶强度和割胶深度 3. 能识别割面条溃疡病	1. 橡胶树排胶规律基本知识 2. 割胶技术基本知识 3. 橡胶树常见病基本知识 4. 割胶"三看"知识
4. 收胶	能根据天气、物候、品种实施胶乳早期保存	胶乳基本特性和保存基本知识

（续）

工作内容	技能要求	掌握相关知识
5. 涂施刺激剂	1. 能根据橡胶树状况调节施药剂量 2. 能看天气涂施乙烯利制剂	1. 乙烯利刺激割胶基本知识 2. 乙烯利基本特性知识
6. 成龄橡胶园树身管理	能按技术措施要求进行风、寒害树的处理	风、寒害树处理的基本知识
7. 成龄橡胶园土壤管理	1. 能完成橡胶园化学除草 2. 能扩穴	1. 橡胶园化学除草基本知识 2. 扩穴施工基本知识

250. 高级割胶工有何要求？

答：高级割胶工要求见表 14。

表 14　高级割胶工要求

工作内容	技能要求	掌握相关知识
1. 割胶工具准备	1. 能校正他人不正确的磨刀方法 2. 能校正没有磨好的胶刀 3. 能校正安装错误的胶杯、胶架、胶舌	1. 胶刀结构基本原理 2. 鉴别磨刀技术基本知识
2. 开割树准备	1. 能划分林段和树位 2. 能开模 3. 能转换割面和割线	1. 树位划分知识 2. 橡胶树开割标准知识 3. 割面和割线转换基本知识
3. 割胶作业	1. 能校正不规范割胶操作 2. 能根据橡胶树死皮病、割面条溃疡病的级别确定临时休割	1. 产胶与排胶基本知识 2. 主要病虫害基本知识
4. 刺激剂使用材料准备	能配制不同浓度的乙烯利制剂	乙烯利制剂配制基本知识
5. 涂施刺激剂	1. 能确定树位乙烯利制剂的用量 2. 能判断补涂或缩短涂药周期	橡胶树品种基本特性知识

（续）

工作内容	技能要求	掌握相关知识
6. 开割橡胶园树身管理	1. 能对风、寒害树进行分级 2. 能对橡胶树病虫害进行分级 3. 能防治橡胶树的病虫害 4. 能维护施药机械	1. 风、寒害树的级别划分标准 2. 橡胶树病虫害防治知识划分标准 3. 施药机具维护常识
7. 开割橡胶园土壤管理	1. 能指导初、中级人员实施土壤管理 2. 能发现缺素症状叶片	1. 橡胶园土壤管理基本知识 2. 橡胶树非正常叶片特征基本知识
8. 培训	1. 能对初级和中级人员进行理论培训 2. 能指导初级和中级人员进行割胶工作	培训基本知识
9. 管理	1. 能管理和发放刺激剂 2. 能组织检查割胶生产技术	1. 乙烯利保管基本知识 2. 生产检查基本知识

251. 技师割胶工有何要求？

答：技师割胶工要求见表 15。

表 15　技师割胶工要求

工作内容	技能要求	掌握相关知识
1. 开割树准备	1. 能建立树位技术档案 2. 能进行割面规划	1. 档案管理基本知识 2. 割面规划基本知识
2. 割胶作业	1. 能确定阴阳线的距离 2. 能确定开割、停割、休割的时间 3. 能对橡胶树的死皮进行分类 4. 能运用采胶动态分析方法指导割胶生产 5. 能识别割胶制度符号	1. 橡胶树栽培技术规程 2. 橡胶树生理学基本知识 3. 割胶制度符号知识

工作内容	技能要求	掌握相关知识
3. 刺激剂使用材料准备	1. 能准确配制不同浓度的复方乙烯利 2. 能储存乙烯利及其制剂	乙烯利化学和物理特性的基本知识
4. 涂施刺激剂	能根据不同树龄、品种和季节使用不同浓度和剂量的乙烯利制剂	1. 橡胶树主栽品种产胶排胶特性基本知识 2. 乙烯利增产机制的基本知识
5. 开割橡胶园树身管理	1. 能制订处理风、寒害树的技术措施 2. 能制订处理橡胶树病虫害的技术措施	1. 橡胶树风、寒害处理的基本原理 2. 橡胶树病虫害处理的基本原理
6. 开割橡胶园土壤管理	1. 能初步识别叶片缺素症 2. 能提出对症施肥方案	1. 主要营养元素缺素症识别 2. 橡胶树平衡施肥基本知识
7. 培训	1. 能编写培训讲义 2. 能对初、中、高级人员进行技能培训	割胶技术规程实施细则
8. 管理	1. 能对割胶技术质量进行管理 2. 能建立和管理割胶工技术档案	割胶技术质量管理知识

主 要 参 考 文 献

陈君兴，周垦荣，蔡儒学，等.2012.浅谈橡胶树不同割制的割面规划［J］.热带农业科学，32（4）：17-21.

陈君兴，周垦荣，蔡儒学，等.2013.橡胶树死皮植株割面调整［J］.热带农业科学，33（4）：8-11.

何康，黄宗道.1987.热带北缘橡胶树栽培［M］.广州.广东科技出版社.

黄慧德.2002.橡胶树生产实用技术［M］.海口：南海出版公司.

黄慧德.2004.橡胶树栽培技术问答［M］.北京：中国文史出版社.

黄慧德.2006.橡胶树栽培与利用［M］.北京：金盾出版社.

蒋桂芝，李健祥，罗宗云.2012.橡胶树死皮病与割胶技术相关因素分析［J］.热带农业科技，35（1）：1-3.

李明.2004.d/4＋ET割制对橡胶树死皮病的影响［J］.热带农业科技，27（1）：11-13.

农业部农垦局热作处，中国热带作物学会割胶与生理专业委员会.2000.橡胶树割胶制度改革论文集［C］.北京：中国科学技术出版社.

祁栋灵，王秀全，张志扬，等.2013.中国天然橡胶产业现状及其发展建议［J］.热带农业科学（2）：79-87.

王树明，钱云，兰明，等.2008.滇东南植胶区2007/2008年冬春橡胶树寒害初步调查研究［J］.热带农业科技，31（2）：4-8.

魏小弟.2010.我国割胶生产技术现状和建议［J］.中国热带农业（2）：5-7.

吴继林，谭海燕.1999.巴西橡胶树的季节生长与组织分化［J］.热带作物学报，20（3）：6-11.

张惜珠，黄慧德.2009.橡胶树栽培与割胶技术［M］.北京：中国农业出版社.

周艳飞.2008.云南橡胶树栽培［M］.昆明：云南大学出版社.

庄海燕，安锋，张硕新，等.2010.乙烯利刺激橡胶树增产机制研究进展［J］.林业科学，46（4）.

后 记

  《橡胶割胶技术问答》一书主要由主编黄慧德、张万桢负责编写，张惜珠、黄浩伦、罗世巧、侯嫒嫒、占金刚、金琰、徐磊磊、魏艳、陈诗高、卢琨、汪志军、胡小婵等参与部分编写工作，并为全书的编写提供帮助。审稿专家认真审稿，并对本书的内容提出许多宝贵的修改和补充意见。

  中国热带农业科学院和中国热带农业科学院科技信息研究所有关领导及同事对本书的编写给予了指导与支持。在此，谨向上述领导和同事及所有为本书编写工作做出贡献的同仁表示衷心感谢！

  由于知识水平有限和编写时间仓促，书中难免有缺点、错误，敬请读者批评指正。

编著者

2015 年 1 月

图书在版编目（CIP）数据

橡胶割胶技术问答/黄慧德，张万桢主编 . —北京：
中国农业出版社，2015.3
ISBN 978-7-109-20194-1

Ⅰ.①橡…　Ⅱ.①黄…②张…　Ⅲ.①橡胶树—割胶
—问题解答　Ⅳ.①S794.1-44

中国版本图书馆 CIP 数据核字（2015）第 034663 号

中国农业出版社出版
（北京市朝阳区麦子店街 18 号楼）
（邮政编码 100125）
责任编辑　郭　科　王黎黎　孟令洋

中国农业出版社印刷厂印刷　　新华书店北京发行所发行
2015 年 4 月第 1 版　　2015 年 4 月北京第 1 次印刷

开本：880mm×1230mm 1/32　　印张：4.625
字数：150 千字
定价：15.00 元
（凡本版图书出现印刷、装订错误，请向出版社发行部调换）